含章 📖❤️
新实用

美食菜谱 / 中医理疗
阅读图文之美 / 优享健康生活

自己轻松做
天然面膜

任薇 主编

江苏凤凰科学技术出版社

图书在版编目（CIP）数据

自己轻松做天然面膜 / 任薇主编 . -- 南京 : 江苏
凤凰科学技术出版社 , 2020.5
ISBN 978-7-5713-0530-7

Ⅰ . ①自… Ⅱ . ①任… Ⅲ . ①面膜 – 制作 Ⅳ .
① TQ658.2

中国版本图书馆 CIP 数据核字 (2019) 第 162644 号

自己轻松做天然面膜

主　　　编	任　薇
责 任 编 辑	祝　萍
责 任 校 对	杜秋宁
责 任 监 制	方　晨

出 版 发 行	江苏凤凰科学技术出版社
出版社地址	南京市湖南路 1 号 A 楼 , 邮编：210009
出版社网址	http://www.pspress.cn
印　　　刷	北京博海升彩色印刷有限公司

开　　　本	718 mm × 1 000 mm　　1/16
印　　　张	16
插　　　页	1
字　　　数	210 000
版　　　次	2020 年 5 月第 1 版
印　　　次	2020 年 5 月第 1 次印刷

标 准 书 号	ISBN 978-7-5713-0530-7
定　　　价	45.00 元

自制天然面膜
　塑造无暇美肌

　　什么样的女人才能算得上"美丽"呢?《诗经》有云: "手如柔荑, 肤如凝脂, 领如蝤蛴, 齿如瓠犀。螓首蛾眉, 巧笑倩兮, 美目盼兮。"尖尖的十指像白嫩的茅草芽, 皮肤如同脂膏那样莹白如玉。贝齿蛾眉, 再加上一双灵动的眼眸, 醉人的微笑, 一个美人形象便呼之欲出了。虽说关于美的标准一直在变迁, 但"皮肤好"一直以来都是被公认的标准之一。好的皮肤底子再加上精致的五官, 想不引来众人的目光都难。

　　对于天生的容貌, 我们无法选择, 那就从"底子"上下工夫。现在市场上有很多标榜"护肤"的面膜, 效果却参差不齐, 不菲的价格也让很多人望而却步。其实, 在这个越来越追求健康的年代, 我们完全可以来个"绿色护肤"。

　　"绿色护肤"是近些年流行的一个新概念, 指的是使用纯天然的原料, 采用纯天然的加工方法而生产出来的不滥用任何化学物质的护肤品。就面膜而言, 我们完全可以用天然的材料来自己制作, 不但可以节省一大笔开销, 而且更安全, 对皮肤的副作用也可尽量避免。

　　不同的肤质, 护理的重点也不同。如何才能制作出适合自己的面膜呢? 本书就是为解决这一问题而编写的。全书将面膜分为美白淡斑、滋润保湿、抗老活肤、深层清洁、瘦脸紧肤、抗敏舒缓、活颜亮采、控油祛痘、收缩毛孔、防晒修复十大类, 无论您是哪种肤质, 都可以找到适合自己的面膜。本书收录的面膜, 取材容易、制作简单, 非常适合在家中自制, 对于追求美丽的人来说, 是一部不可多得的"美容宝典"。还犹豫什么, 现在就行动起来吧!

目录

01

自制面膜须知

02

美白淡斑面膜

03
滋润保湿面膜

11

防晒修复面膜

自制面膜须知
DIY Facial Mask

自测肤质类型 x 面膜种类及功效

现在流行自制面膜，与传统面膜相比，自制面膜纯天然、无刺激，且可根据皮肤的状况随时调整配方。由于自制面膜所选的原材料多为果蔬、花草、蛋乳或常见的中草药，从价格上来说也比那些昂贵的成品面膜实惠了很多，因此获得了越来越多女性朋友的青睐。自制面膜有哪些种类，如何才能根据自己的肤质调制出适合自己的面膜，现在就让我们来一一了解吧！

天然面膜与成品面膜

据传举世闻名的埃及艳后到了晚上常常在脸上涂抹蛋清，蛋清干了便在脸上形成一层薄膜，早上起来用清水洗掉，可令脸部肌肤柔滑、娇嫩，保持青春光彩。唐代诗文所载"回眸一笑百媚生"的杨贵妃也拥有令人钦羡的美肌，除得益于其饮食起居等生活条件的优越外，还得益于她常用专门调制的面膜敷面美容。

杨贵妃的面膜是如何调制的呢？古法记载应取珍珠、白玉、人参适量，研磨成细粉，用上等的藕粉混合，调和成膏状敷于脸上，静待片刻后，洗去即可。

时代在变，如今面膜也已经成为日常美容的一部分。现在市场上销售的各种面膜让人眼花缭乱。这些经过加工的面膜一般都会加入一些对人体有害的化学成分和香料，常使用这些面膜对肌肤有潜在的副作用。随着安全意识的增强，大家在爱美的同时也越来越关注美容用品的安全性和可靠性。"纯天然"产品受到越来越多的人的喜爱。于是，很多厂家为了迎合顾客的心理需求，打着"纯天然"的招牌大肆宣传。但是，这些产品往往其实难辨，让人们多少有点顾忌。于是，爱美人士和崇尚天然的人选择了自制美容品，自制面膜便是其中最受欢迎的一种。

自制面膜利用生活中随手可得的简易材料便可制作而成，由于它取材方便，不滥用化学成分，并且成本低、效果好，深受大众喜爱。只要持之以恒地使用自制面膜，就能更好地呵护肌肤。

测测您的肤质类型

在购买美容护肤品之前，一定要先搞清楚自己的肤质类型，再根据自己的肤质选择最适合的护肤产品和保养方式，这样才能事半功倍。我们的肤质一般可分为五种类型：油性肤质、中性肤质、干性肤质、混合性肤质、敏感性肤质。需要注意的是，肤质并非一成不变，可能会随着皮肤状况、环境与季节的变化而改变，有时可能是混合偏干性，有时可能是混合偏油性，为此日常保养用品也须根据肤质的变化加以挑选。

😊 肤质类型测试表

1. 您的脸上会泛油光吗？ □是 □否　　泛油光的部位是：鼻翼□ 前额□ 下巴□ 脸颊□

2. 您是不是老觉得脸上油腻腻的？ □是 □否　　油腻的地方是：鼻翼□ 前额□ 下巴□ 脸颊□

3. 脸上容易长痘痘、粉刺、黑头或是暗疮？ □是 □否

4. 您的皮肤看起来干燥吗？ □是 □否　　干燥的部位是：鼻翼□ 前额□ 下巴□ 脸颊□

5. 脸上有脱皮的现象吗？ □是 □否　　脱皮的地方是：鼻翼□ 前额□ 下巴□ 脸颊□

6. 脸部常有紧绷感与脱屑现象吗？ □是 □否

7. 脸部虽有紧绷感，但还算光滑，不至于太干燥？ □是 □否

8. 使用保养品时，皮肤常会有红肿等过敏现象？ □是 □否

做完测试，可以对照下文看看您属于哪类肤质，了解自己的肤质后就能轻易地掌握美容的大方向了。

😐 中性肤质

第1、2题皆答"是"，而且脸上只有2~3个地方有油光；第4~8题皆答"否"。

❤ **特　　征**

· 洁面后 6~8 小时出现面油。
· 皮肤细腻有弹性，不发干也不油腻。
· 天气转冷时偏干，天热时可能出现少许油光。
· 保养适当，皱纹很晚才出现。
· 很少有痘痘及毛孔阻塞的状况。
· 比较耐晒，不易过敏。

➕ **护理重点**

· 此类皮肤基本上没什么问题，日常护理以保湿为主。中性肤质很容易因缺水、缺养分而转为干性肤质，所以应该使用锁水及保湿效果好的护肤品。如保养适当，可以有效延缓皱纹出现的时间。

13

油性肤质

第1、2、3题皆答
"是"，而且泛油光
的部位几乎是全脸;
第4~7题皆答"否"。

♥ 特　征

· 洁面1小时后开始出现面油。
· 较粗糙，有油光。夏季油光严重，天气转冷时易缺水。
· 皮质厚且易生暗疮、青春痘、粉刺等。
· 不易产生皱纹，易出油，不易过敏。

✚ 护理重点

· 以清洁、控油、补水为主，防止毛孔堵塞，平衡油脂分泌，防止外油内干。
· 应选用具有控油作用的洁面用品，定期做深层清洁，去除附着于毛孔中的污物。用平衡水、控油露之类的护肤品调节油脂分泌。使用具有清爽配方的爽肤水、润肤露等做日常护理，帮助皮肤锁水保湿。
· 不偏食油腻食物，多吃蔬菜、水果和富含B族维生素的食物，养成规律的生活作息。

干性肤质

第4~6题皆答
"是"，而且全脸
皆有干燥感；第1、
2、7题皆答"否"。

♥ 特　征

· 洁面12小时内不出现面油。
· 皮肤细腻，容易干燥缺水。季节变换时紧绷，易干燥、脱皮。
· 容易生成皱纹，尤以眼部及口部四周明显。
· 易脱皮，易生红斑及斑点，很少长粉刺和暗疮。
· 易被晒伤，不易过敏。

✚ 护理重点

· 以补水、滋养为主，防止肌肤干燥缺水、脱皮或皲裂。
· 应选用性质温和的洁面用品和护肤品，如滋润型的洁面乳、营养水、乳液、面膜等，以使肌肤湿润不紧绷。
· 每天坚持做面部按摩，促进血液循环。
· 注意膳食营养的平衡，可多摄取一些富含不饱和脂肪酸的食物。冬季室内受暖气影响，肌肤会变得更加干燥，因此室内宜使用加湿器。此外，还应避免风吹或过度日晒。

混合性肤质

第1、2、3题回答
"是"，但症状出
现的部位可能会有
不同；第4、5、7、
8题答"是"，第
6题答"否"。

♥ 特　征

· 洁面2~4小时后脸庞中部、额头、鼻梁、下颌起油光，其余部位正常或者偏干燥。不易受季节变换影响。不易生皱纹。
· T形部位(额头、鼻子、下巴)易生粉刺。
· 比较耐晒，缺水时易过敏。

✚ 护理重点

· 以控制T形区分泌过多的油脂为主，收缩毛孔，并滋润干燥部位。
· 选用性质较温和的洁面用品，定期深层清洁T形部位，使用收缩水帮助收细毛孔。
· 选用清爽配方的润肤露(霜)、面膜等进行日常护养，注意保持肌肤的水分平衡。
· 要特别注意干燥部位的保养，如眼角等部位要加强护养，防止出现细纹。

敏感性肤质

♥ 特　征

· 皮肤容易出现小红丝。
· 皮肤较薄，脆弱，缺乏弹性。
· 换季或遇冷热时皮肤发红、易起小丘疹。易过敏，易晒伤。

➕ 护理重点

· 这类皮肤要特别小心，洁面时不要太用力揉搓，以免产生红丝。
· 尽量选用配方清爽柔和、不含香精的护肤品，注意避免日晒、风沙、骤冷骤热等外界环境刺激。
· 选用护肤品时，先在耳朵后、手腕内侧等地方试用，24小时后，确定没有过敏现象后再做日常使用。
· 一旦出现过敏症状，应立即停用所有的护肤品，情况严重者最好到医院寻求专业帮助。

第 4、5、6、8 题答"是"，其余题皆答"否"。

🕐 各种肤质使用面膜的频率

肤质类型	深层清洁面膜	滋润保湿面膜	美白淡斑面膜	活颜亮采面膜	瘦脸紧肤面膜	毛孔收缩面膜	抗老紧肤面膜	晒后修复抗敏 面膜
干性	2周1次	1周2~3次	1周1次	1周1~2次	1周1次	1周1次	1周1次	1周1次
中性	1周1次	1周1~2次	1周1~2次	1周1~2次	1周1~2次	1周1~2次	1周1次	1周1次
油性	1周2次	1周1~2次	1周2次	1周2次	1周1~2次	1周1次	1周1次	1周1~2次
混合性	1周1~2次	1周1~2次	1周2次	1周1~2次	1周1~2次	1周1~2次	1周1次	1周1~2次
敏感性	1个月1次	1周2~3次	1周2~3次	1周1~2次	1周1次	1周1次	1个月1次	1个月1次

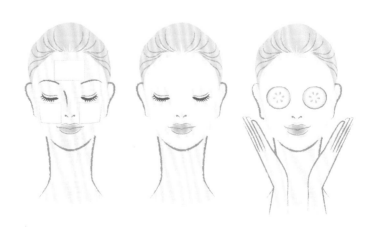

面膜的种类及功效

面膜的种类很多，按功效不同分为滋润保湿面膜、美白淡斑面膜、毛孔收缩面膜、瘦脸紧肤面膜、活颜亮采面膜、抗老活肤面膜、抗敏舒缓面膜等，可根据肤质选择适合自己的面膜。

滋润保湿面膜

迅速补充肌肤所需的水分和养分，令肌肤恢复水润，特别适合中、干性肤质。其他肤质于干燥季节亦适合定期使用。

美白淡斑面膜

抑制黑色素的生成并淡化色斑，美白净化肌肤，让肌肤柔软细致，适用于各种肤质。

抗老活肤面膜

紧实除皱、预防肌肤衰老，把肤质调整到年轻细致的最佳状态。适用于各种肌肤，特别是中干性肤质及老化肌肤。

活颜亮采面膜

迅速亮泽肌肤，让暗哑肌肤焕然一新，强效锁水保湿，让肌肤瞬间水润透明。适用于任何肌肤，特别是呈现疲倦状态的肌肤。

毛孔收缩面膜

有效抑制肌肤过于旺盛的油脂分泌，收敛粗大毛孔，预防暗疮生成。同时提高肌肤的保湿能力，令肌肤达到水油平衡的理想状态。适用于任何肤质，特别是油性肤质及毛孔粗大的肌肤。

抗敏舒缓面膜

抗敏面膜中的养分能被皮肤迅速吸收，并帮助调理及舒缓皮肤，改善肌肤敏感症状，缓解肌肤不适，使肌肤光滑柔细，美艳动人。适用于敏感肤质。

瘦脸紧肤面膜

消除皮下多余脂肪、排除毒素及多余水分、防止肌肤发炎浮肿，激活细胞再生，紧实肌肉，达到瘦脸紧肤的效果。适用于各种肤质，特别是浮肿松弛的肌肤。

制作面膜的基本用具与材料

　　制作天然面膜,基本用具与材料是不可缺少的。本书所提到的用具都是简单易找的,并且每种面膜的制作过程中都不会使用很多器材,制作面膜的材料也都是生活中随手可得的。

制作面膜的基本用具

　　"工欲善其事,必先利其器。"在自制面膜之前,除了准备材料,要使用的用具也应事先准备妥当,许多用具其实不需要特别购买,在您家里的厨房就可以找到。

1.量匙、滴管

2.不锈钢锅

3.滤网

4.搅拌勺

5.钵、研磨棒

6.磨泥器

7.玻璃器皿

8.榨汁机

❶ 量匙可以用来称取分量较少的粉状或液状材料,一串四个,1大匙为15克,1小匙为5克,1/2小匙为2.5克,1/4小匙为1.25克。有些材料只需几滴就行了,如精油,这时就需要滴管的帮助。

❷ 不锈钢锅用来融化材料,如透明皂基、凡士林等。建议选购有把手的锅。

❸ 滤网可以过滤蔬果汁或粉状物的残渣。

❹ 搅拌器用来搅拌混合材料,帮助材料搅拌均匀。

❺ 钵、研磨棒可用来研磨不是非常坚硬的固体材料,将其研磨成小颗粒或粉末状,或是用来将面膜充分搅拌均匀。

❻ 磨泥器可将水果果肉或果皮磨成泥状。

❼ 玻璃器皿方便搅拌材料或做备用的容器。建议选购小型(约100克)和中型(约200克)玻璃器皿各1个,以座底窄上缘宽的倒圆锥状为佳。

❽ 榨汁机用于将原材料搅拌均匀,或是将蔬菜、水果等材料搅碎。

自制面膜的基本材料

　　自己动手制作面膜，可选用的天然材料有新鲜的水果、蔬菜、鸡蛋、蜂蜜和维生素等，它们的副作用少，不受环境和经济条件的限制，是物美价廉的美容佳品。

1.海洋深层矿泉水　　2.橄榄油、凡士林、甘油　　3.鸡蛋　　4.粉类

5.蔬菜　　6.新鲜水果　　7.蜂蜜、果糖　　8.盐、白醋

   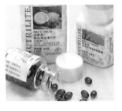 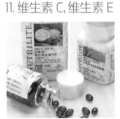 

9.花草　　10.植物精油　　11.维生素C、维生素E　　12.奶制品

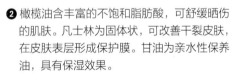

❶ 海洋深层矿泉水含有多种矿物质，且渗透力强、较易被肌肤吸收，适合制作除化妆水外的其他保养品。在便利店、商场即可买到。

❷ 橄榄油含丰富的不饱和脂肪酸，可舒缓晒伤的肌肤。凡士林为固体状，可改善干裂皮肤，在皮肤表层形成保护膜。甘油为亲水性保养油，具有保湿效果。

❸ 鸡蛋对肌肤有光泽润滑的效果，还有防老除皱的功能。

❹ 面粉、绿豆粉、玉米粉、杏仁粉是制作面膜的常用材料，可使面膜呈黏稠状。

❺ 蔬菜含丰富的维生素、纤维质及矿物质，是护肤美颜的天然材料。

❻ 新鲜水果富含维生素、矿物质、氨基酸、蛋白质等丰富的营养成分，不同的水果对肌肤有不同的好处。

❼ 蜂蜜能促进血液循环和肌肤的新陈代谢，果糖是花草茶和蔬菜汁的提味添加品。

❽ 盐分为粗盐和细盐两种，是去角质的最佳材料。白醋可用于软化肌肤。

❾ 花草可舒缓压力、瘦身美容，可针对个人的需要选择适合的花草。

❿ 精油具有舒缓、减压、抗菌等功效，依据不同需求来选择适合的植物精油，将其添加于保养品、按摩油中，对肌肤护理好处多多。

⓫ 维生素C能抑制黑色素的形成，润泽肌肤。维生素E能抵抗环境对肌肤造成的刺激与伤害。

⓬ 奶制品能保护皮肤表皮、防裂、防皱，使皮肤光滑柔软、滋润，对面部皱纹有一定的缓解作用。此外，奶制品还能为皮肤提供封闭性油脂，形成薄膜，减缓肌肤表面的水分蒸发。

面膜的使用常识

面膜是肌肤的"补品"，护肤功效极佳，但若使用不当，再好的"补品"也会伤身。假如过度使用面膜，使肌肤角质层变薄，就会导致面部肌肤保护力下降，容易出现过敏、脱皮等问题。因此，使用面膜时一定要掌握以下常识。

😀 敷面膜按以下步骤进行

1. 用20℃左右的水清洁面部。
2. 用干毛巾或面巾纸轻轻吸干脸上的水。
3. 在额前发际线喷点水，将头发固定，防止碎发掉落。
4. 将面膜置于手心，先在整张脸上薄薄涂一层，待稍干再补上一层。
5. 鼻子和下巴处的油脂比较多，面膜要完全覆盖住毛孔才有效果。
6. 两颊也要涂满，不要露出皮肤。
7. 避开眼周和嘴周，除非有特别说明该款面膜可以使用在眼唇周围。
8. 检查一下有没有没敷均匀的地方，如有不匀可以再补一些。
9. 冲洗时最好用洁面海绵吸水后仔细擦拭，特别是鼻翼旁凹陷的部位。

😀 揭除面膜后的护理步骤

1. 拍上化妆水，补充角质层的水分。
2. 擦上乳液，给肌肤足够的营养。

😀 使用面膜的注意事项

涂抹面膜之前使用的洁面用品、面膜的用量、皮肤的温度、使用面膜时周围环境的温度等，都会影响面膜的功效。面膜不宜在脸上停留过长的时间，如果停留的时间过长，面膜反而会吸收皮肤中的水分，在揭除时也会有疼痛感。对这些细小的问题，一定要注意。

脸部汗毛的生长方向是自上而下的，所以由上额向下额揭除面膜可以减少对肌肤的影响。但有些去角质的面膜要逆着汗毛生长的方向揭除，效果更好。

秋冬时节肌肤容易干燥脱皮，而面膜则可以在短时间内给肌肤以充足的营养，迅速提高肌肤表层的含水量，并带来深层滋润效果，是强化护理肌肤的佳品。因此，秋冬时节应定期为肌肤进行深层清洁护理和滋补，每周至少去一次角质，并在去完角质后敷补水面膜，这样更有利于肌肤对营养成分的吸收。

02

美白淡斑面膜
Whitening Mask

天然美白 x 润泽无瑕

俗话说："一白遮三丑。"白皙肌肤往往会给美丽加分。想要皮肤亮白当然离不开美白面膜。自制美白面膜能对肌肤进行有效的护理，将大量的美白成分强力渗透至深层肌肤，并促进肌肤吸收，令肌肤在短时间内得到显著改观，获得水嫩透白的理想肤色！

丝瓜柠檬牛奶面膜

这款面膜所含的植物黏液、维生素及矿物质，可维持肌肤角质层的正常含水量，减慢肌肤的水分流失速度，延长水合作用，从而避免肌肤因缺水造成色素沉着、老化的现象，抑制色斑的出现，令肌肤在干燥季节里依然维持水嫩白皙的状态。

各种肤质

2~3次/周

补水美白

立即使用

 材料

柠檬1个，丝瓜30克，牛奶10克

 工具

榨汁机，面膜碗，面膜棒

制作方法

1. 将柠檬洗净，榨汁。
2. 将丝瓜洗净，切薄片，与柠檬汁、牛奶一同倒入面膜碗中。

3. 让丝瓜片充分浸泡在柠檬汁和牛奶的混合液中约3分钟即成。

使用方法

洁面后，取适量浸泡好的丝瓜片贴敷在脸部及颈部（避开眼部、唇部四周的肌肤），10~15分钟后揭去丝瓜片，用温水洗净即可。

美丽提示

该款面膜中用于浸泡丝瓜的柠檬汁中含有果酸，而果酸含有光敏成分，因此，这款面膜应避光敷用，在敷用后的半小时内，也需尽量减少光照，从而让美白效果更佳。

香菜蛋清面膜

　　这款面膜富含维生素、胡萝卜素等多种营养成分，可润泽肌肤、淡化斑点、美白肌肤。

❀ 材料

香菜 3 棵，鸡蛋 2 个

✂ 工具

榨汁机，面膜碗，面膜棒

♦ 制作方法

1. 将香菜洗净，放入榨汁机中榨汁，去渣取汁，备用。
2. 将鸡蛋敲破，滤取蛋清备用。
3. 在面膜碗中加入蛋清、香菜汁，用面膜棒搅拌均匀即可。

✄ 使用方法

洁面后，将调好的面膜涂抹在脸上（避开眼部、唇部四周的肌肤），10~15 分钟后用温水洗净即可。

 各种肤质　　 淡斑美白

🕐 1~2 次 / 周　　❄ 冷藏 3 天

柠檬盐乳面膜

　　这款面膜富含有机酸、铁、铜和维生素等营养成分，能中和肌肤中的碱性物质，防止肌肤中的色素沉淀，使皮肤更加白皙、细腻。

❀ 材料

柠檬 1 个，牛奶 20 克，盐 5 克，优酪乳 15 克

✂ 工具

水果刀，面膜碗，面膜棒

♦ 制作方法

1. 将柠檬洗净，用水果刀对半切开，挤汁备用。
2. 将柠檬汁、牛奶倒入面膜碗中。
3. 加入优酪乳、盐，搅拌均匀即成。

✄ 使用方法

洁面后，将调好的面膜涂抹在脸上（避开眼部、唇部四周的肌肤），10~15 分钟后用温水洗净即可。

 油性肤质　　🥣 去黑美白

🕐 1~2 次 / 周　　❄ 冷藏 5 天

猕猴桃面膜

这款面膜富含果酸、矿物质等营养元素，能够抑制黑色素的沉淀，帮助淡化色斑，美白肌肤。

🍀 **材料**
猕猴桃 1 个

✂ **工具**
水果刀

💧 **制作方法**
1. 将猕猴桃洗净，去除外皮。
2. 用水果刀将去皮的猕猴桃切成薄片。

✖ **使用方法**
洁面后，将猕猴桃薄片仔细地贴敷在脸上（避开眼部、唇部四周的肌肤），15~20 分钟后揭去猕猴桃片，用温水洗净即可。

😊	油性肤质	🥣	净化美白
🕐	1~2 次 / 周	❄	冷藏 1 天

蜂蜜柠檬面膜

这款面膜由柠檬、蜂蜜等材料制成，能滋润、净化肌肤，清除毒素，从而达到美白肌肤的效果。

🍀 **材料**
柠檬 1 个，蜂蜜 2 小匙，面粉 5 克

✂ **工具**
榨汁机，面膜碗，面膜棒

💧 **制作方法**
1. 将柠檬洗净，榨汁，倒入面膜碗中。
2. 在面膜碗中加入蜂蜜、面粉，用面膜棒搅拌均匀即成。

✖ **使用方法**
洁面后，将调好的面膜涂抹在脸上（避开眼部、唇部四周的肌肤），10~15 分钟后用温水洗净即可。

😊	干性肤质	🥣	滋润美白
🕐	1~2 次 / 周	❄	冷藏 3 天

鲜奶双粉面膜

　　甘草有美白及消炎的作用，可预防雀斑、粉刺、青春痘的生长。薏米因为富含蛋白质，可以分解酵素，提高肌肤新陈代谢的能力，减少皱纹，消除色素斑点，使肌肤自然白皙。

❀ 材料

鲜牛奶适量，甘草粉、薏米粉各 20 克

✂ 工具

面膜碗，面膜棒

◦ 制作方法

1. 将甘草粉、薏米粉放入面膜碗中。
2. 加入鲜牛奶，用面膜棒搅拌均匀，直至糊状即可。

✂ 使用方法

洁面后，将调好的面膜涂抹在脸上（避开眼部、唇部四周的肌肤），10~15 分钟后用温水洗净即可。

😐 各种肤质		🥣 淡斑美白	
🕐 1~2 次 / 周		❄ 冷藏 3 天	

鲜奶提子面膜

　　这款面膜含水溶性 B 族维生素、糖分、钾、钙、磷、镁等营养成分，可为肌肤提供抗氧化保护，有效对抗游离基，减轻外界环境对皮肤的刺激，防止肌肤氧化，使肌肤更白皙、细致。

❀ 材料

鲜牛奶适量，新鲜提子 4 颗

✂ 工具

磨泥器，面膜碗，面膜棒

◦ 制作方法

1. 将提子洗净，连皮放入磨泥器中磨成泥状。
2. 将提子泥倒入面膜碗中，加入鲜牛奶。
3. 用面膜棒充分搅拌均匀至黏稠即成。

✂ 使用方法

洁面后，将调好的面膜涂抹在脸上（避开眼部、唇部四周的肌肤），10~15 分钟后用温水洗净即可。

😐 各种肤质		🥣 抗氧美白	
🕐 1~2 次 / 周		❄ 冷藏 3 天	

柠檬汁面膜

这款面膜能深层清洁净化肌肤，改善肤色不匀、色斑等状况，令肌肤更白皙。

❀ 材料

柠檬 2 个，纯净水适量

✄ 工具

榨汁机，面膜纸，面膜碗，水果刀

◐ 制作方法

1. 将柠檬洗净切片，放入榨汁机中榨汁；将榨好的柠檬汁倒入面膜碗中。
2. 在柠檬汁中加入适量纯净水，将面膜纸浸入其中，泡开即成。

😊	油性/混合性	🥣	美白淡斑
⏰	1～2次/周	❄	立即使用

盐粉蜂蜜面膜

这款面膜含有锌、硒、镁、锗等微量元素，能有效改善肌肤的营养状况，增强肌肤的活力和抗菌能力，减少色素沉着，使肌肤洁白细腻。

❀ 材料

珍珠粉 30 克，蜂蜜 1 小匙，盐少许

✄ 工具

面膜碗，面膜棒

◐ 制作方法

1. 将珍珠粉倒入面膜碗中，加入盐和蜂蜜。
2. 用面膜棒充分搅拌，调成糊状即成。

😊	各种肤质	🥣	去黑美白
⏰	1～2次/周	❄	冷藏5天

蛋清美白面膜

这款面膜含有丰富的保湿因子，能滋润、美白肌肤，对抗色斑，令肌肤白皙细腻。

❀ 材料

鸡蛋、柠檬各 1 个，芦荟 50 克

✄ 工具

榨汁机，面膜碗，面膜棒

◐ 制作方法

1. 将鸡蛋磕开取鸡蛋清，置于面膜碗中。
2. 将芦荟去皮取茎肉，柠檬榨汁，都放入面膜碗中，与鸡蛋清一起搅拌均匀即成。

😊	干性肤质	🥣	美白祛斑
⏰	1～2次/周	❄	冷藏3天

黄瓜牛奶面膜

这款面膜含大量维生素和水分，能迅速镇静肌肤，缓解肌肤缺水状态，让肌肤白皙柔嫩。

❀ 材料

黄瓜1根，鲜牛奶50毫升，面粉2大匙

✄ 工具

榨汁机，面膜碗，面膜棒，水果刀

💧 制作方法

1. 将黄瓜洗净，去皮切块，置于榨汁机中，榨取黄瓜汁。
2. 将黄瓜汁、鲜牛奶、面粉放入面膜碗中，用面膜棒混合调匀即成。

✄ 使用方法

洁面后，将调好的面膜涂抹在脸上（避开眼部、唇部四周的肌肤），10~15分钟后用温水洗净即可。

😊 各种肤质	🥣 镇静美白
🕐 2～3次/周	❄ 冷藏3天

玫瑰鸡蛋面膜

这款面膜富含滋养精华，能净化肌肤，抑制黑色素的生成，改善肤色暗沉的状况，令肌肤变得白皙、清透。

❀ 材料

玫瑰精油2滴，鸡蛋1个，面粉、纯净水各适量

✄ 工具

面膜碗，面膜棒

💧 制作方法

1. 将鸡蛋磕开取出蛋清，并将蛋清打至泡沫状。
2. 将蛋清倒入面膜碗中，加入玫瑰精油和面粉，倒入适量纯净水。
3. 用面膜棒充分搅拌，调和成糊状即成。

✄ 使用方法

洁面后，将调好的面膜涂抹在脸上（避开眼部、唇部四周的肌肤），10~15分钟后用温水洗净即可。

😐 各种肤质	🥣 淡化色斑
🕐 1～3次/周	❄ 冷藏1天

中性 / 干性肤质　　　　滋养美白
1～2 次 / 周　　　　冷藏 3 天

山药蜂蜜面膜

　　这款面膜含有多种天然滋养亮白成分，能深层渗透、滋养肌肤，有效美白。

材料
山药 50 克，面粉 10 克，蜂蜜 2 小匙，纯净水适量

工具
搅拌器，面膜碗，面膜棒

制作方法
1. 将山药洗净，去皮切块，放入搅拌器搅拌成泥。
2. 在面膜碗中加入山药泥、蜂蜜、面粉、适量纯净水，用面膜棒搅拌均匀即成。

啤酒酵母酸奶面膜

　　这款面膜能深层清洁肌肤，清除肌肤表面的老化角质与毛孔中的污物，令肌肤更白皙。

材料
干酵母 10 克，啤酒 30 毫升，酸奶 20 毫升

工具
面膜碗，面膜棒

制作方法
1. 在面膜碗中加入啤酒和酸奶。
2. 在碗中加入干酵母，搅拌均匀即可。

各种肤质　　　　美白净颜
1～3 次 / 周　　　　冷藏 1 天

精盐酸奶面膜

　　这款面膜所含的成分能补充肌肤营养、促进肌肤新陈代谢、帮助提亮肤色。

材料
酸奶 10 毫升，面粉 10 克，盐 5 克，纯净水适量

工具
面膜碗，面膜棒

制作方法
1. 将酸奶、盐、面粉一同放入面膜碗中。
2. 加入适量纯净水，用面膜棒搅拌均匀即成。

各种肤质　　　　清洁美白
1～3 次 / 周　　　　冷藏 1 天

红酒芦荟面膜

这款面膜能清除肌肤毛孔中的油污及肌肤表面多余的角质细胞，并能抑制黑色素的生成，有效净化、美白肌肤。

❀ 材料

红酒 50 毫升，蜂蜜 1 小匙，芦荟叶 1 片

✄ 工具

磨泥器，面膜碗，面膜棒，面膜纸，水果刀

♦ 制作方法

1. 将芦荟叶洗净，去皮切块，用磨泥器制成泥状。
2. 将芦荟泥、红酒、蜂蜜一同置于面膜碗中。
3. 用面膜棒充分搅拌，调匀即成。

✄ 使用方法

洁面后，将面膜纸浸泡在面膜汁中，令其浸满胀开，取出贴敷在面部，10~15 分钟后揭下面膜纸，温水洗净即可。

☺	各种肤质	🥣	净化美白
🕐	1~2 次 / 周	❄	冷藏 3 天

石榴汁面膜

这款面膜含亚麻油酸、石榴多酚和花青素等营养成分，能增加肌肤活力、美白肌肤，同时也为肌肤注入充足的水分。

❀ 材料

石榴 100 克，
少量纯净水

✄ 工具

榨汁机，面膜碗，
面膜纸，面膜棒

♦ 制作方法

1. 将石榴洗净去皮，榨汁。
2. 将汁液置于面膜碗中，加适量纯净水，搅拌均匀。

✄ 使用方法

洁面后，将面膜纸浸泡在面膜汁中，令其浸满胀开，取出贴敷在面部，10~15 分钟后揭下面膜纸，温水洗净即可。

☺	各种肤质	🥣	美白保湿
🕐	2~3 次 / 周	❄	立即使用

番茄面粉面膜

这款面膜富含维生素 C 和淀粉，可以净化肌肤，使肌肤更有效地吸收营养，更显白皙。

❀ **材料**
番茄 1 个，面粉 3 大匙

✄ **工具**
榨汁机，面膜碗，面膜棒

♦ **制作方法**
1. 将番茄洗净去皮，放入榨汁机中榨汁。
2. 将番茄汁倒入面膜碗中，加入面粉，用面膜棒调和均匀即可。

☺ 油性肤质	🥣 净化美白
🕐 1～2 次 / 周	❄ 冷藏 3 天

柠檬蛋清面膜

这款面膜含维生素 C 和果酸，有很好的美白效果，还能收缩毛孔。

❀ **材料**
柠檬、鸡蛋各 1 个，橄榄油、蜂蜜、面粉各适量

✄ **工具**
水果刀，面膜碗，面膜棒

♦ **制作方法**
1. 将柠檬对半切开，挤汁备用。
2. 鸡蛋磕开，滤取蛋清，打至泡沫状。
3. 将面粉、蛋清、柠檬汁、橄榄油、蜂蜜一同倒入面膜碗中，用面膜棒调匀呈糊状即成。

☺ 各种肤质	🥣 美白紧致
🕐 1～2 次 / 周	❄ 冷藏 3 天

☺ 各种肤质	🥣 美白润肤
🕐 1～3 次 / 周	❄ 冷藏 7 天

茯苓蜂蜜面膜

这款面膜富含多种氨基酸和蛋白质等营养素，能消除色素沉积，让肌肤白皙、润泽。

❀ **材料**
白茯苓粉 15 克，蜂蜜 2 大匙

✄ **工具**
面膜碗，面膜棒

♦ **制作方法**
1. 将白茯苓粉放入面膜碗中，加入蜂蜜。
2. 用面膜棒搅拌均匀即成。

木瓜柠檬面膜

这款面膜含木瓜醇、柠檬酸等营养素，能软化肌肤角质，并能阻断黑色素的生成，有效清透、美白肌肤。

♣ 材料

木瓜 1/4 个，柠檬 1 个，面粉 40 克

✄ 工具

搅拌器，面膜碗，面膜棒

♦ 制作方法

1. 将木瓜洗净，去皮去籽，放入搅拌器打成泥。
2. 将柠檬洗净，对半切开，挤出汁液。
3. 将木瓜泥、柠檬汁、面粉倒入面膜碗中，用面膜棒拌匀即成。

✿ 使用方法

洁面后，将调好的面膜涂抹在脸上（避开眼部、唇部四周的肌肤），10~15 分钟后用温水洗净即可。

☺ 各种肤质	⚱ 美白滋养
🕐 1～3 次/周	❄ 冷藏 3 天

白芷清新面膜

这款面膜含白芷素、白芷醚、香豆素和维生素 C 等美白精华，能提高细胞活力，抑制黑色素的生成。

♣ 材料

白芷粉 5 克，黄瓜 1 根，橄榄油适量，蜂蜜 1/2 小匙，鸡蛋 1 个

✄ 工具

榨汁机，面膜碗，面膜棒

♦ 制作方法

1. 将黄瓜洗净切块，放入榨汁机中榨汁，滤渣取汁备用。
2. 鸡蛋磕开，滤取蛋黄，充分打散。
3. 将白芷粉倒入面膜碗中，加入黄瓜汁、蛋黄、蜂蜜和橄榄油，一起搅拌均匀即成。

✿ 使用方法

洁面后，将调好的面膜涂抹在脸上（避开眼部、唇部四周的肌肤），10~15 分钟后用温水洗净即可。

☺ 各种肤质	⚱ 美白淡斑
🕐 1～2 次/周	❄ 冷藏 1 周

玫瑰花米醋面膜

这款面膜富含多种氨基酸和有机酸，能软化肌肤，抑制黑色素的形成，淡化色斑。

♣ 材料

新鲜玫瑰花蕾 10 朵，米醋 100 毫升

✄ 工具

面膜碗，纱布，面膜纸

♦ 制作方法

1. 将玫瑰花蕾完全浸泡在米醋中，静置 7~15 天。
2. 用纱布滤掉玫瑰花，将玫瑰花醋液倒入面膜碗中即成。

✄ 使用方法

将面膜纸在面膜碗中浸泡一会儿，然后敷在脸上，10~15 分钟后取下面膜纸，将剩余汁液轻轻按摩至吸收即可。

😊 各种肤质	🥣 消炎祛斑
🕐 2~3 次 / 周	❄ 冷藏 3 天

酸奶酵母粉面膜

这款面膜富含多种维生素、活性氧分子、β - 胡萝卜素等营养成分，能够有效清洁肌肤，提供肌肤所需的营养，使肌肤润白、柔嫩。

♣ 材料

酵母粉 40 克，酸奶半杯

✄ 工具

面膜碗，面膜棒，面膜纸

♦ 制作方法

1. 将酵母粉倒入面膜碗中。
2. 加入酸奶，边加入边用面膜棒搅拌，充分搅拌均匀即可。

✄ 使用方法

洁面后，将本款面膜涂抹在脸部（避开眼部和唇部周围），再覆盖上浸泡好的面膜纸，约 20 分钟后，用清水彻底冲洗干净即可。

😊 各种肤质	🥣 美白润肤
🕐 2~3 次 / 周	❄ 冷藏 5 天

胡萝卜白芨面膜

这款面膜含有的胡萝卜素、挥发油等植物护肤精华成分，能在帮助肌肤抗氧化的同时起到美白效果。

❀ 材料

胡萝卜半根，白芨粉30克，橄榄油1大匙

✄ 工具

搅拌器，面膜碗，面膜棒

● 制作方法

1. 将胡萝卜洗净去皮，放入搅拌器中制成泥。
2. 将胡萝卜泥倒入面膜碗中，加入白芨粉、橄榄油，用面膜棒调成糊状即成。

✄ 使用方法

洁面后，将调好的面膜涂抹在脸上（避开眼部、唇部四周的肌肤），10~15分钟后用温水洗净即可。

😐 各种肤质		🥣 祛斑美白	
🕐 1~2次/周		❄ 冷藏3天	

芦荟珍珠粉面膜

这款面膜能促进肌肤细胞更新，软化并去除肌肤表面的老化角质，还能抑制黑色素的形成，令肌肤变得清透白皙。

❀ 材料

芦荟叶1片，珍珠粉1克，蜂蜜适量

✄ 工具

榨汁机，面膜碗，面膜棒

● 制作方法

1. 将芦荟洗净去皮切块，放入榨汁机打成芦荟汁。
2. 将芦荟汁、珍珠粉、蜂蜜一同倒在面膜碗中。
3. 用面膜棒调成易于敷用的糊状即成。

✄ 使用方法

洁面后，将调好的面膜涂抹在脸上（避开眼部、唇部四周的肌肤），10~15分钟后用温水洗净即可。

😐 各种肤质		🥣 滋养美白	
🕐 1~2次/周		❄ 冷藏3天	

蒜蓉蜂蜜面膜

　　蜂蜜中的葡萄糖、果糖、蛋白质、氨基酸、维生素、矿物质等营养元素直接作用于肌肤表皮，为细胞提供养分，促使细胞再生。常用蜂蜜涂抹的肌肤，其表皮细胞排列紧密整齐且富有弹性，皱纹较少。蜂蜜还可抑制皮脂腺分泌过多的皮脂，增强毛细血管的功能，与蒜蓉搭配可起到细致、美白肌肤的效果。

 各种肤质
🕐 1~2次/周
🥣 美白消脂
❄ 冷藏5天

🍀 **材料**
面粉20克，大蒜5瓣，蜂蜜、盐各适量

✂ **工具**
磨泥器，面膜碗，面膜棒

💧 **制作方法**
1. 将蒜去皮，洗净，放入磨泥器中磨成蒜蓉。

2. 将蜂蜜、盐、蒜蓉放入面膜碗中，用面膜棒搅拌均匀后再加入面粉，充分拌匀即可。

✂ **使用方法**
洁面后，将调好的面膜涂抹在脸上（避开眼部、唇部四周的肌肤），10~15分钟后用温水洗净即可。

美丽提示

　　油性肤质者常用葡萄汁和蜂蜜敷脸能使肌肤滑润、柔嫩。可在一匙葡萄汁中加入一匙蜂蜜，边搅拌边加入面粉，调匀后敷脸，10分钟后用清水洗去。也可以在沐浴之前用蜂蜜涂抹全身，10分钟后，进入浴缸浸泡，然后再用沐浴乳清洗一遍即可。

狝猴桃天然面膜

这款面膜含维生素 C、蛋白质及多种矿物质，能帮助去除暗斑、色斑。

🍀 **材料**

鸡蛋1个，狝猴桃1个

✂ **工具**

搅拌器，面膜碗，面膜棒

💧 **制作方法**

1. 将狝猴桃去皮切块，入搅拌器打成泥。
2. 将鸡蛋磕开，滤取蛋清，打匀。
3. 将狝猴桃泥、蛋清放入面膜碗中，用面膜棒调匀即可。

😊 各种肤质	🥣 滋养美白
🕐 1～2次/周	❄ 冷藏 3 天

土豆美白面膜

这款面膜含有维生素，可促进皮肤细胞生长，抑制黑色素生成，减轻夏日晒斑。

🍀 **材料**

土豆3个，鲜牛奶30毫升，面粉1大匙

✂ **工具**

榨汁机，面膜碗，面膜棒，纱布

💧 **制作方法**

1. 将土豆去皮切块，入榨汁机中榨汁，用纱布滤出汁备用。
2. 将土豆汁倒入面膜碗中，加入牛奶、面粉，用面膜棒搅拌成糊状即可。

😊 各种肤质	🥣 美白嫩肤
🕐 1～2次/周	❄ 冷藏 3 天

香蕉牛奶面膜

香蕉含有维生素 C，牛奶含有铁、铜和维生素 A，两者同用可使皮肤保持光滑滋润，有美白、祛斑、防皱的功效。

🍀 **材料**

香蕉1根，鲜牛奶4大匙

✂ **工具**

磨泥器，面膜碗，面膜棒

💧 **制作方法**

1. 将香蕉去皮，放入磨泥器中磨成泥。
2. 将香蕉泥倒入面膜碗中，加入牛奶，用面膜棒调和成糊状即可。

😊 各种肤质	🥣 美白抗老
🕐 1～2次/周	❄ 立即使用

砂糖橄榄油面膜

橄榄油含维生素 A 和美容酸，能很快被肌肤吸收，起到保湿、防紫外线、防敏感、抑菌等功效。同白砂糖配合，可以起到抗皮肤衰老和祛斑美白的作用。

❋ 材料
白砂糖 2 大匙，橄榄油 1 小匙

✂ 工具
面膜碗，面膜棒

◑ 制作方法
1. 将白砂糖和橄榄油一起倒入面膜碗中。
2. 用面膜棒充分搅拌，使白砂糖融化即成。

✖ 使用方法
洁面后，将调好的面膜涂抹在脸上（避开眼部、唇部四周的肌肤），10~15 分钟后用温水洗净即可。

😐 各种肤质	🥄 祛斑美白
🕐 1~2 次 / 周	❄ 冷藏 3 天

盐醋淡斑面膜

这款面膜中的美白原液，能够改善黄黑不均匀的肤色，对消除面部色斑也很有效。醋内所含的多重蛋白素，能刺激皮肤血液循环，令粗糙的肤质更细腻、白里透红。

❋ 材料
食盐 2 克，白芷粉 12 克，干菊花 6 克，白醋 3 滴

✂ 工具
磨泥器，面膜碗，面膜棒

◑ 制作方法
1. 将干菊花放入磨泥器中研成细末。
2. 将白芷粉倒入面膜碗中，加入菊花粉、白醋和食盐。
3. 用面膜棒搅拌均匀即成。

✖ 使用方法
洁面后，将调好的面膜涂抹在脸上（避开眼部、唇部四周的肌肤），10~15 分钟后用温水洗净即可。

😐 各种肤质	🥄 淡化色斑
🕐 1~3 次 / 周	❄ 冷藏 7 天

香蕉奶酪面膜

这款面膜能深层滋养净化肌肤，排出肌肤中的毒素，抑制黑色素的形成与沉淀，有效提亮肤色，并能淡化色斑，令肌肤变得白皙水润。

❀ 材料
香蕉1根，奶酪50克

✂ 工具
搅拌器，面膜碗，面膜棒

♦ 制作方法
1. 将香蕉去皮切段，与奶酪一同放入搅拌器中，搅成泥状。
2. 将香蕉奶酪泥倒入面膜碗中，用面膜棒充分搅拌，调成糊状即成。

✖ 使用方法
洁面后，将调好的面膜涂抹在脸上（避开眼部、唇部四周的肌肤），10~15分钟后用温水洗净即可。

☺ 各种肤质	🥄 清颜美白
🕐 1~2次/周	❄ 立即使用

蛋黄红糖面膜

这款面膜含有多种氨基酸及酶类活性成分等，能促进血液循环与细胞再生，抑制黑色素沉积，令肌肤红润白皙。

❀ 材料
红糖50克，鸡蛋1个，淀粉、矿泉水各适量

✂ 工具
面膜碗，面膜棒，锅

♦ 制作方法
1. 将红糖放入锅内，加入少量矿泉水、淀粉，小火煮化即成红糖水，放凉。
2. 鸡蛋磕开，取蛋黄，打散。
3. 将放凉的红糖水、蛋黄液倒入面膜碗中，用面膜棒搅拌均匀即成。

✖ 使用方法
洁面后，将调好的面膜涂抹在脸上（避开眼部、唇部四周的肌肤），10~15分钟后用温水洗净即可。

☺ 各种肤质	🥄 美白提亮
🕐 1~2次/周	❄ 冷藏3天

白芷鲜奶面膜

这款面膜含有白芷素等美白、淡斑因子，能改善肌肤暗沉、色斑的状况。

🌿 **材料**
白芷粉 50 克，鲜牛奶 50 毫升

✂ **工具**
面膜碗，面膜棒

💧 **制作方法**
1. 将白芷粉、鲜牛奶一同置于面膜碗中。
2. 用面膜棒充分搅拌，调和成稀薄适中、易于敷用的糊状即可。

✖ **使用方法**
洁面后，将调好的面膜涂抹在脸上（避开眼部、唇部四周的肌肤），10~15 分钟后用温水洗净即可。

😊 干性肤质		🥣 祛斑美白	
🕐 1~2 次/周		❄ 冷藏 3 天	

薏米甘草面膜

薏米含有类黄酮，能防止黑色素的产生，有美白功效。甘草含有能抑制黑色素合成的酪氨酸酶，也具美白功效。

🌿 **材料**
薏米粉、甘草粉各 30 克，鲜牛奶 20 毫升

✂ **工具**
面膜碗，面膜棒

💧 **制作方法**
1. 将薏米粉、甘草粉倒入面膜碗中。
2. 加入鲜牛奶，用面膜棒充分搅拌均匀，调成轻薄适中的糊状即成。

✖ **使用方法**
洁面后，将调好的面膜涂抹在脸上（避开眼部、唇部四周的肌肤），10~15 分钟后用温水洗净即可。

😊 各种肤质		去黑美白	
🕐 2~3 次/周		❄ 冷藏 7 天	

白芷蜂蜜面膜

　　这款面膜所含的白芷素能破坏黑色素细胞的形成，排除毒素，从而改善肌肤暗沉的状况。

♣ 材料

白芷粉、麦片粉各30克，蜂蜜1大匙，纯净水适量

✄ 工具

面膜碗，面膜棒

♦ 制作方法

1. 在白芷粉、麦片粉倒入面膜碗中。
2. 加入蜂蜜和适量纯净水，用面膜棒搅拌均匀即成。

☺ 各种肤质	🥣 去黑美白
🕐 1～2次/周	❄ 冷藏5天

蛋清木瓜面膜

　　这款面膜所含的维生素C能深层净化肌肤，帮助肌肤中沉淀的毒素排出，同时美白提亮肤色。

♣ 材料

木瓜1/4个，鸡蛋1个，蜂蜜1匙，奶粉20克

✄ 工具

榨汁机，面膜碗，面膜棒

♦ 制作方法

1. 将木瓜洗净，去皮去籽，用榨汁机榨汁。
2. 将鸡蛋磕开，滤出蛋清，充分打散。
3. 将所有材料一同倒入面膜碗中，调匀即成。

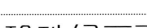

☺ 各种肤质	🥣 净化美白
🕐 1～3次/周	❄ 冷藏2天

珍珠绿豆面膜

　　这款面膜含乳酸、B族维生素等营养素，能去除老化角质，改善肌肤痘印、暗沉的状况。

♣ 材料

绿豆粉30克，珍珠粉10克，蜂蜜1小匙，纯净水适量

✄ 工具

面膜碗，面膜棒

♦ 制作方法

1. 将绿豆粉、珍珠粉、蜂蜜倒入面膜碗中。
2. 加入适量纯净水，用面膜棒充分搅拌，调和成稀薄适中的糊状即成。

☺ 各种肤质	🥣 清洁美白
🕐 1～3次/周	❄ 冷藏5天

蛋黄酸奶面膜

酸奶含有乳酸成分，因此具有非常不错的保湿滋润功效，同时还能软化并清除肌肤表面的老化角质，补充肌肤细胞所需的营养与水分，有效改善粗糙、暗沉的肌肤状况，令肌肤变得润泽白皙。

☹ 各种肤质

🕐 2～3次/周

🍳 滋润嫩白

❄ 冷藏1天

❀ 材料
鸡蛋1个，酸奶20毫升

✄ 工具
面膜碗，面膜棒

💧 制作方法
1. 将鸡蛋磕开，取鸡蛋黄，置于面膜碗中。
2. 加入酸奶，用面膜棒搅拌均匀即成。

✄ 使用方法
用温水洁面后，将调好的面膜涂抹在脸上（避开眼部、唇部四周的肌肤），静敷10~15分钟，用温水洗净即可。

 美丽提示

调制该款面膜时，对酸奶的选择也有一定的讲究，宜选用原味酸奶作为自制面膜的材料。同时还要注意，肤质不同，选择也不同，油性肌肤宜选用脱脂酸奶，干性肌肤宜选用全脂酸奶。

鸡蛋蜂蜜柠檬面膜

这款面膜含有滋润因子，能深层滋润并净化肌肤，淡化斑点，令肌肤白皙清透。

♣ 材料
柠檬、鸡蛋各1个，蜂蜜2小匙，牛奶、面粉各10克

✄ 工具
榨汁机，面膜碗，面膜棒

♠ 制作方法
1. 将柠檬榨汁，倒入面膜碗中。
2. 将鸡蛋磕开取鸡蛋黄，打散，放入柠檬汁中。
3. 加入剩余材料，用面膜棒搅拌均匀即成。

😊 油性/混合性		🥣 滋润美白	
⏰ 1~2次/周		❄ 冷藏3天	

冬瓜面粉面膜

这款面膜含有亚油酸和B族维生素，帮助减少过氧化脂质的生成，避免肌肤黑色素沉淀，产生黑斑。

♣ 材料
冬瓜50克，面粉30克，纯净水适量

✄ 工具
搅拌器，面膜碗，面膜棒

♠ 制作方法
1. 将冬瓜洗净，去皮切块，放入搅拌器打成泥。
2. 将冬瓜泥、面粉、纯净水倒入面膜碗中。
3. 用面膜棒搅拌均匀即成。

😊 各种肤质		🥣 去除黑斑	
⏰ 1~3次/周		❄ 冷藏3天	

薏米百合面膜

这款面膜含有胡萝卜素，能抑制肌肤黑色素的形成，改善肌肤暗沉、粗糙。

♣ 材料
薏米粉40克，百合粉10克，开水、纯净水各适量

✄ 工具
面膜碗，面膜棒

♠ 制作方法
1. 将薏米粉倒入碗中，加入适量开水，拌匀后晾凉。
2. 将晾凉的薏米糊和百合粉一同倒入面膜碗。
3. 加纯净水，用面膜棒搅拌调匀即成。

😊 各种肤质		🥣 嫩白肌肤	
⏰ 2~3次/周		❄ 冷藏3天	

珍珠熏衣草美白面膜

熏衣草精油能清洁肌肤，平衡油脂分泌，并具有消毒抗菌作用，可帮助青春痘和小伤口迅速愈合，防止留下疤痕。除此之外，它还具有良好的美白祛斑、收缩毛孔的功效。

  各种肤质
1～3次/周
美白修复
冷藏1天

🌿 **材料**
珍珠粉20克，熏衣草精油2滴，蜂蜜2小匙

✂ **工具**
面膜碗，面膜棒

💧 **制作方法**
1. 在面膜碗中加入珍珠粉、蜂蜜。
2. 在面膜碗中滴入熏衣草精油，用面膜棒搅拌均匀即成。

✦ **使用方法**
洁面后，将调好的面膜涂抹在脸上（避开眼部、唇部四周的肌肤），10~15分钟后用温水洗净即可。

美丽提示

精油可能会引起肌肤过敏，建议敷用精油面膜前先进行肌肤的过敏测试。

熏衣草精油除了用作面膜外，还可以用来泡澡。滴两滴熏衣草精油在热水中，可以起到美容减压的作用，使身体放松。也可以用干熏衣草浸泡在热水中，具有同样效果。

蛋清瓜皮面膜

西瓜皮中含有多种酶成分，可以促进脂肪和黑色素的分解；蛋清含有肌肤所需的营养成分，有清热解毒、保护和增强皮肤免疫功能的作用，二者结合可淡化面部雀斑。

❀ 材料

鸡蛋1个，西瓜皮1小块，面粉适量

✄ 工具

榨汁机，面膜碗，面膜棒，水果刀

💧 制作方法

1. 将西瓜皮洗净，切成小块，捣碎榨取汁液。
2. 鸡蛋磕破，滤取蛋清。
3. 将西瓜皮汁液、面粉、蛋清放入面膜碗中混合，用面膜棒充分搅拌均匀即可。

✄ 使用方法

洁面后，将本款面膜敷在脸上（避开眼部和唇部周围），约15分钟后，用清水洗净即可。

| ☺ 各种肤质 | 🥣 淡斑美白 |
| 🕐 2～3次/周 | ❄ 冷藏3天 |

柠檬苹果泥面膜

这款面膜所含的维生素 C、柠檬酸等美肤成分能深层净化肌肤，淡化色斑，改善肌肤暗沉状态，令肌肤白皙无瑕。

❀ 材料

苹果1个，柠檬1个，面粉30克，纯净水适量

✄ 工具

搅拌器，面膜碗，面膜棒，水果刀

💧 制作方法

1. 将苹果洗净切块，入搅拌器搅打成泥；柠檬洗净切开，挤汁待用。
2. 将苹果泥、柠檬汁、面粉倒入面膜碗中。
3. 加入适量纯净水，用面膜棒调匀即成。

✄ 使用方法

洁面后，将调好的面膜涂抹在脸上（避开眼部、唇部四周的肌肤），10~15分钟后用温水洗净即可。

| ☺ 各种肤质 | 🥣 淡化色斑 |
| 🕐 1～2次/周 | ❄ 冷藏3天 |

蜂蜜番茄珍珠粉面膜

这款面膜含有丰富的美白因子，能深层净化肌肤，阻止黑色素的沉淀，有效淡化色斑，令肌肤白皙无瑕。

♣ 材料

番茄1个，珍珠粉2克，面粉20克，蜂蜜1大匙

✄ 工具

搅拌器，面膜碗，面膜棒

◆ 制作方法

1. 将番茄洗净，去皮及蒂，于搅拌器中打成泥。
2. 将番茄泥、珍珠粉、蜂蜜、面粉一同倒在面膜碗中。
3. 用面膜棒充分搅拌，调和成稀薄适中的糊状即成。

✖ 使用方法

洁面后，将调好的面膜涂抹在脸上（避开眼部、唇部四周的肌肤），10~15分钟后用温水洗净即可。

☺ 各种肤质	🥣 去黑美白
🕐 2～3次/周	❄ 冷藏3天

雪梨柠檬面膜

这款面膜所含的维生素A、维生素C及多种氨基酸、果酸成分，具有极佳的美白补水功效，能令肌肤水润透白。

♣ 材料

雪梨1个，柠檬1个，面粉50克

✄ 工具

搅拌器，面膜碗，面膜棒，水果刀

◆ 制作方法

1. 将雪梨洗净，去皮去核，放入搅拌器中打成泥。
2. 将柠檬切开，挤出汁。
3. 将雪梨泥、柠檬汁、面粉置于面膜碗中，用面膜棒搅拌均匀即成。

✖ 使用方法

洁面后，将调好的面膜涂抹在脸上（避开眼部、唇部四周的肌肤），10~15分钟后用温水洗净即可。

☺ 各种肤质	🥣 美白补水
🕐 2～3次/周	❄ 冷藏3天

豆腐面膜

这款面膜含有大豆异黄酮、大豆卵磷脂等成分，能够延缓肌肤衰老，抵抗肌肤氧化，令肌肤白皙紧致。

☘ **材料**

豆腐 50 克，纯净水适量

✂ **工具**

磨泥器，面膜碗，面膜棒

♦ **制作方法**

1. 将豆腐切块，放入磨泥器中研磨成泥。
2. 将豆腐泥、纯净水一同置于面膜碗中。
3. 用面膜棒充分搅拌，调成稀薄适中的糊状即成。

😊	各种肤质	🥣	美白抗衰
🕐	1～2次 / 周	❄	冷藏 3 天

牛奶枸杞面膜

这款面膜能深层净化肌肤，排除肌肤中的毒素，具有极佳的美白、祛斑功效。

☘ **材料**

鲜牛奶 1 大匙，枸杞、淀粉各 10 克

✂ **工具**

榨汁机，面膜碗，面膜棒

♦ **制作方法**

1. 将枸杞洗净，加适量清水榨汁。
2. 将牛奶、枸杞汁、淀粉一同放入面膜碗中，用面膜棒搅拌均匀即成。

😊	各种肤质	🥣	排毒美白
🕐	1～3次 / 周	❄	冷藏 3 天

😊	各种肤质	🥣	保湿美白
🕐	1～2次 / 周	❄	冷藏 1 天

珍珠粉果蔬面膜

这款面膜能及时补充肌肤所需的营养与水分有效抑制黑色素的形成与沉淀，美白肌肤的同时令肌肤更加水润。

☘ **材料**

珍珠粉、面粉、苹果、梨、纯净水各适量

✂ **工具**

搅拌器，面膜碗，面膜棒，水果刀

♦ **制作方法**

1. 将苹果、梨洗净，去皮、去核、切小块，用搅拌器搅拌成泥状，置于面膜碗中。
2. 在面膜碗中加入珍珠粉、面粉、适量纯净水，用面膜棒搅拌均匀即成。

豆腐蜂蜜面膜

这款面膜含有成分与雌性激素相类似的大豆异黄酮，可深层滋养肌肤，淡化色斑，令肌肤变得白皙柔嫩。

🍀 **材料**

豆腐 50 克，蜂蜜 1 大匙

✂ **工具**

磨泥器，面膜碗，
面膜棒

💧 **制作方法**

1. 将豆腐放入磨泥器中研磨成泥。
2. 将豆腐泥、蜂蜜一同置于面膜碗中，用面膜棒充分搅拌即成。

✂ **使用方法**

洁面后，将调好的面膜涂抹在脸上（避开眼部、唇部四周的肌肤），10~15 分钟后用温水洗净即可。

☹ 各种肤质	⚗ 淡化色斑
⏱ 1~3 次 / 周	❄ 冷藏 3 天

雪梨面膜

这款面膜含维生素 C、氨基酸及天然果酸等营养成分，能抑制黑色素沉着，淡化色斑，令肌肤变得白皙水嫩。

🍀 **材料**

雪梨 1 个，纯净水适量

✂ **工具**

榨汁机，面膜碗，水果刀

💧 **制作方法**

1. 将雪梨洗净，去蒂及果核，去皮切块。
2. 将雪梨果肉放入榨汁机中，加入适量纯净水打汁，滤取汁液即可。

✂ **使用方法**

洁面后，将面膜纸浸泡在面膜汁中，令其浸满胀开，取出贴敷在面部，10~15 分钟后揭下面膜纸，温水洗净即可。

☹ 各种肤质	⚗ 美白肌肤
⏱ 1~3 次 / 周	❄ 冷藏 3 天

山竹面膜

这款面膜能有效滋润肌肤，美白保湿，并能抑制黑色素的形成，让肌肤持续保持白皙光洁的状态。

❀ 材料
山竹2个，酸奶1大匙

✄ 工具
磨泥器，面膜碗，面膜棒

❀ 制作方法
1. 将山竹掰开，取果肉，用磨泥器捣成泥状。
2. 在面膜碗中加入山竹泥、酸奶，用面膜棒搅拌均匀即成。

😐 各种肤质		🥣 滋润美白	
🕐 1~2次/周		❄ 立即使用	

珍珠粉修复美白面膜

这款面膜含B族维生素和多种氨基酸，能平衡肌肤油脂分泌，迅速修复受损的肌肤细胞。

❀ 材料
珍珠粉、玉米粉、天竺葵精油、纯净水各适量

✄ 工具
面膜碗，面膜棒

❀ 制作方法
1. 在面膜碗中加入珍珠粉、玉米粉和适量纯净水。
2. 在面膜碗中滴入精油，用面膜棒搅拌均匀即成。

😐 各种肤质	🥣 美白修复
🕐 1~2次/周	❄ 冷藏1天

😐 各种肤质	🥣 滋润美白
🕐 1~2次/周	❄ 冷藏1周

菠萝甘油面膜

这款面膜含有色氨酸、胡萝卜素、铁和B族维生素，能淡化面部色斑，起到一定的美白效果，使皮肤润泽、透明。

❀ 材料
菠萝50克，糯米粉10克，甘油2小匙

✄ 工具
水果刀，榨汁机，面膜碗，面膜棒

❀ 制作方法
1. 将菠萝去皮切块，入榨汁机打成汁。
2. 将糯米粉倒入面膜碗中，加入菠萝汁和甘油，用面膜棒搅拌均匀即成。

白术醋粉面膜

这款面膜含有天然美白成分，能深层清洁肌肤，促进老化角质软化，有效美白肌肤。

❀ 材料

白醋 10 克，面粉、白术粉各 15 克

✄ 工具

面膜碗，面膜棒

♦ 制作方法

1. 在面膜碗中加入面粉、白术粉。
2. 加入白醋，用面膜棒搅拌均匀即成。

😊 各种肤质		🥣 清洁美白	
🕐 1~3 次/周		❄ 冷藏 5 天	

蜂蜜牛奶薏米面膜

这款面膜含有蛋白质和多种酶，能软化肌肤角质，消除色素斑点，使肌肤白皙。

❀ 材料

薏米粉 50 克，鲜牛奶 1 大匙，淀粉 5 克，蜂蜜、纯净水各适量

✄ 工具

面膜碗，面膜棒

♦ 制作方法

1. 将薏米粉倒入面膜碗中，加入蜂蜜、牛奶、淀粉和纯净水。
2. 用面膜棒充分搅拌，调成糊状即成。

😊 各种肤质		🥣 祛斑美白	
🕐 1~2 次/周		❄ 冷藏 3 天	

玉米麦粉面膜

玉米粉含有叶黄素和玉米黄素两种抗氧化物，具有良好滋润祛斑的效果。

❀ 材料

玉米粉、麦粉各 20 克，橄榄油 1 大匙，纯净水适量

✄ 工具

面膜碗，面膜棒

♦ 制作方法

1. 先将玉米粉、麦粉倒入面膜碗中，加入橄榄油和适量纯净水。
2. 用面膜棒充分搅拌，调成泥状即可。

😊 各种肤质		🥣 抗氧美白	
🕐 1~2 次/周		❄ 冷藏 5 天	

红石榴牛奶抗氧化面膜

这款面膜具有优质的抗氧化能力，能帮助肌肤有效抵御氧自由基的伤害，阻止黑斑的形成，具有极佳的美白功效。

♣ 材料

石榴 50 克，鲜牛奶 1 大匙，面粉 15 克

✄ 工具

榨汁机，面膜碗，面膜棒

♦ 制作方法

1. 将石榴洗净去皮，榨汁，置于面膜碗中。
2. 再在面膜碗中加入鲜牛奶、面粉，用面膜棒搅拌均匀即成。

😐 各种肤质　　　🥣 美白活颜

🕐 2~3次/周　　　❄ 冷藏 3 天

芦荟蛋白面膜

芦荟含有维生素、矿物质及多种氨基酸，能促进血液循环、滋养美白肌肤。

♣ 材料

鸡蛋 1 个，芦荟 1 片，蜂蜜 1/2 小匙

✄ 工具

磨泥器，面膜碗，面膜棒，水果刀

♦ 制作方法

1. 将芦荟去皮，取茎肉，入磨泥器研碎。
2. 将鸡蛋磕开，滤取蛋清。
3. 将芦荟泥、蛋清、蜂蜜一起放入面膜碗中，用面膜棒搅拌均匀即可。

😐 各种肤质　　　🥣 滋养美白

🕐 1~2次/周　　　❄ 冷藏 2 天

柑橘柠檬面膜

这款面膜含有维生素 C、果酸等护肤成分，可帮助提亮肤色，改善肌肤暗沉、粗糙的状况，令肌肤清透亮白。

♣ 材料

柠檬、柑橘各 1 个，面粉 10 克

✄ 工具

榨汁机，面膜碗，面膜棒

♦ 制作方法

1. 将柠檬榨汁，倒入面膜碗中。
2. 将柑橘榨汁，倒入面膜碗中。
3. 在面膜碗中加入面粉，用面膜棒搅拌均匀即成。

😐 各种肤质　　　🥣 美白淡斑

🕐 1~2次/周　　　❄ 冷藏 3 天

银耳甘油面膜

这款面膜富含胶质与微量元素，能保持肌肤表面的水分含量，并改善肤色暗沉。

♣ **材料**

银耳 15 克，鲜牛奶 2 小匙，甘油 1 小匙，纯净水适量

✄ **工具**

锅，面膜碗，面膜棒

♦ **制作方法**

1. 将银耳泡发，加水煮至黏稠，晾凉待用。
2. 在面膜碗中加入银耳汤、鲜牛奶、甘油，用面膜棒搅拌均匀即成。

☺ 各种肤质　　🥣 保湿美白

🕐 1～2 次 / 周　　❄ 冷藏 3 天

珍珠银杏面膜

这款面膜能阻止黑色素的形成与沉淀，淡化色斑，令肌肤白皙无瑕。

♣ **材料**

珍珠粉、银杏粉各 10 克，纯净水适量

✄ **工具**

面膜碗，面膜棒

♦ **制作方法**

1. 将银杏粉、珍珠粉一同倒入面膜碗中。
2. 加入适量纯净水，用面膜棒搅拌均匀即成。

☺ 各种肤质　　🥣 美白祛斑

🕐 1～3 次 / 周　　❄ 冷藏 3 天

☺ 各种肤质　　🥣 保湿祛斑

🕐 3～5 次 / 周　　❄ 冷藏 3 天

柿叶凡士林面膜

这款面膜能有效抑制黑色素的形成与沉淀，具有极佳的保湿祛斑功效。

♣ **材料**

柿叶 30 克、凡士林 2 大匙，纯净水适量

✄ **工具**

锅，纱布，面膜碗，面膜棒

♦ **制作方法**

1. 将柿叶洗净后放入锅中加水煮，用纱布滤水，置于面膜碗中。
2. 在面膜碗中加入凡士林，用面膜棒搅拌均匀即成。

茯苓黄芩面膜

这款面膜含有黄芩素、茯苓酸等营养素，可清除肌肤新陈代谢产生的废物，让肌肤干净白皙。

❧ 材料
茯苓粉 30 克，黄芩粉 20 克，纯净水适量

✄ 工具
面膜碗，面膜棒

💧 制作方法
1. 将茯苓粉、黄芩粉倒入面膜碗中。
2. 加入适量纯净水，用面膜棒搅拌均匀即成。

✄ 使用方法
洁面后，将调好的面膜涂抹在脸上（避开眼部、唇部四周的肌肤），10~15 分钟后用温水洗净即可。

😐 各种肤质	🥣 排毒美白
🕐 1~2 次/周	❄ 冷藏 7 天

苦瓜珍珠粉面膜

这款面膜含有蛋白质、苦瓜素和水溶性膳食纤维等营养素，能促进肌肤血液循环，改善面部晦暗，让肌肤重焕白皙光泽。

❧ 材料
苦瓜 1 根，珍珠粉 10 克，薏米粉 20 克，纯净水适量

✄ 工具
搅拌器，面膜碗，面膜棒，水果刀

💧 制作方法
1. 将苦瓜洗净去瓤，切块后放入搅拌器打成泥。
2. 将苦瓜泥、珍珠粉、薏米粉倒入面膜碗中。
3. 加入适量纯净水，用面膜棒搅拌均匀即成。

✄ 使用方法
洁面后，将调好的面膜涂抹在脸上（避开眼部、唇部四周的肌肤），10~15 分钟后用温水洗净即可。

😐 各种肤质	🥣 美白滋养
🕐 1~2 次/周	❄ 冷藏 3 天

月季蜂蜜橙子面膜

橙子含有大量的类黄酮和维生素 C，能减慢甚至阻断黑色素的合成，起到美白皮肤，淡化色斑的作用，还能促进皮肤的新陈代谢，增强皮肤毛细血管的抵抗力。

🌿 材料
橙子 50 克，蜂蜜 2 小匙，月季花 10 克

✂ 工具
水果刀，搅拌器，面膜棒，面膜碗

♦ 制作方法
1. 将橙子去皮放入搅拌器中，搅打成泥，盛入面膜碗中。
2. 将蜂蜜倒入搅拌好的橙子泥中。
3. 取月季花瓣加入其中。
4. 用面膜棒一起搅拌均匀。

✖ 使用方法
洁面后，将调好的面膜涂抹在脸上（避开眼部、唇部四周的肌肤），10~15 分钟后用温水洗净即可。

☺ 各种肤质	🥄 保湿祛斑
🕐 1~2 次 / 周	❄ 冷藏 5 天

香蕉桂圆面膜

这款面膜能促进肌肤细胞的新陈代谢，帮助修复受损的肌肤细胞，并能抑制黑色素生成，有效提亮肤色，令肌肤变得白皙柔嫩。

🌿 材料
桂圆 5 颗，苹果 1 小块，香蕉半根，鸡蛋 1 个

✂ 工具
搅拌器，面膜碗，面膜棒

♦ 制作方法
1. 将桂圆去皮及核，与苹果果肉、香蕉一同放入搅拌器中，搅拌成泥。
2. 将鸡蛋磕开，滤取鸡蛋清。
3. 将果泥与蛋清放入面膜碗，用面膜棒搅拌均匀即成。

✖ 使用方法
洁面后，将调好的面膜涂抹在脸上（避开眼部、唇部四周的肌肤），10~15 分钟后用温水洗净即可。

☺ 各种肤质	🥄 美白提亮
🕐 1~2 次 / 周	❄ 立即使用

冬瓜瓤麦粉面膜

冬瓜瓤是古今常用的美容品，用新鲜冬瓜瓤擦拭肌肤，可使肌肤光泽白润。

材料
鲜冬瓜瓤 1 000 克，小麦粉 50 克

工具
锅，面膜棒，面膜碗

制作方法
1. 将鲜冬瓜瓤连同瓤中的冬瓜子放入锅中煎煮。
2. 1 小时后，去渣取汁，盛入面膜碗中。
3. 在冬瓜瓤煎汁中加入小麦粉。
4. 用面膜棒一起搅拌均匀即可。

各种肤质　　保湿祛斑
1～2 次 / 周　　冷藏 1 周

白芷白附子面膜

这款面膜含有白芷素，能抑制肌肤黑色素的形成与沉淀，消除色斑。

材料
白附子粉、白芷粉各 10 克，蜂蜜、纯净水各适量

工具
面膜碗，面膜棒

制作方法
1. 将白附子粉、白芷粉、蜂蜜、纯净水一同倒在面膜碗中。
2. 用面膜棒充分搅拌，调和成稀薄适中、易于敷用的糊状即成。

各种肤质　　祛斑美白
1～3 次 / 周　　冷藏 5 天

各种肤质　　美白淡斑
1～3 次 / 周　　冷藏 1 周

维生素白芷面膜

这款面膜富含多种维生素，能改善局部血液循环，避免色素在肌肤组织中过度堆积。

材料
维生素 E 胶囊 1 粒，白芷粉 2 匙

工具
面膜碗，面膜棒

制作方法
1. 将白芷粉倒入面膜碗中。
2. 将维生素 E 胶囊用针戳破挤出内容物，滴入面膜碗中，搅拌均匀即可。

| 😊 各种肤质 | ⚗ 排毒美白 |
| ⏱ 1～3次/周 | ❄ 冷藏3天 |

枸杞牛奶面膜

这款面膜含蛋清质和胡萝卜素，能加快皮肤的新陈代谢，排除毒素，美白肌肤。

🍀 **材料**

鲜牛奶1大匙，枸杞20克，面粉10克，开水适量

🧺 **工具**

搅拌器，面膜碗，面膜棒

💧 **制作方法**

1. 将枸杞用开水泡开洗净，放入搅拌器中搅拌成糊状。
2. 将枸杞糊、鲜牛奶、面粉一同倒入面膜碗中，用面膜棒搅拌均匀即成。

杏仁鸡蛋面膜

这款面膜富含维生素、蛋白质等营养素，能加快肌肤的新陈代谢，令肌肤变得白皙光滑。

🍀 **材料**

杏仁粉60克，鸡蛋1个

🧺 **工具**

面膜碗，面膜棒

💧 **制作方法**

1. 将鸡蛋磕开，滤取蛋清，打成泡沫状。
2. 将杏仁粉倒入面膜碗中，加入蛋清，用面膜棒一起搅拌均匀即成。

| 😊 各种肤质 | 🥣 美白滋润 |
| ⏱ 1～2次/周 | ❄ 冷藏5天 |

| 😊 各种肤质 | ⚗ 排毒美白 |
| ⏱ 1～3次/周 | ❄ 冷藏7天 |

杏仁咖啡面膜

这款面膜含维生素C和多种矿物质，能有效抑制黑色素的形成，祛除色斑、黑斑。

🍀 **材料**

杏仁粉、咖啡粉各20克，橄榄油、纯净水各适量

🧺 **工具**

面膜碗，面膜棒

💧 **制作方法**

1. 将杏仁粉、咖啡粉放入面膜碗中。
2. 加入橄榄油、纯净水，用面膜棒一起搅拌均匀即可。

牛奶红枣番茄面膜

红枣是护肤美容的佳品，有句俚语说："要想皮肤好，粥里添红枣。"红枣含有丰富的糖分及维生素C，润肤功效显著。牛奶、红枣、番茄三者结合能让肌肤细嫩有光泽。

☘ 材料
番茄 50 克，红枣 10 克，鲜牛奶 2 小匙

✄ 工具
水果刀，搅拌器，面膜棒，面膜碗

♦ 制作方法
1. 将番茄洗净切成块状，倒入搅拌器中搅拌成泥。
2. 将红枣去核，洗净，放入搅拌器中搅拌成泥。
3. 将番茄泥、红枣泥放入面膜碗中，加入鲜牛奶。
4. 用面膜棒一起搅拌均匀即可。

✄ 使用方法
洁面后，将调好的面膜涂抹在脸上（避开眼部、唇部四周的肌肤），10~15分钟后用温水洗净即可。

☺ 各种肤质	◆ 美白嫩肤
🕐 1～3 次 / 周	❄ 冷藏 7 天

维 C 盐奶美白面膜

这款面膜维生素 C 含量丰富，可以刺激胶原蛋白生成，令肌肤饱满紧致，此外，还可以抑制黑色素生成。

☘ 材料
脱脂奶粉 20 克，维生素 C 片 1 粒，盐、纯净水各适量

✄ 工具
研磨棒，面膜碗，面膜棒

♦ 制作方法
1. 将维生素 C 片研磨成粉末。
2. 将盐、维生素 C、脱脂奶粉放入面膜碗中，加入纯净水，一起搅拌均匀即可。

✄ 使用方法
洁面后，将调好的面膜涂抹在脸上（避开眼部、唇部四周的肌肤），10~15分钟后用温水洗净即可。

☺ 各种肤质	◆ 美白紧致
🕐 1～2 次 / 周	❄ 冷藏 5 天

茯苓甘草番茄面膜

　　这款面膜含有茯苓多糖、茯苓酸、卵磷脂及胆碱等净白抗衰因子，能深层净化肌肤，帮助清除氧自由基，抑制肌肤黑色素的形成，改善暗沉肤色；并能深层补充肌肤所需水分，促进肌肤新陈代谢，增加肌肤弹性，令肌肤变得清透白皙、光滑润泽。

 各种肤质
 1~2次/周
 美白抗衰
 冷藏3天

❀ 材料
番茄1个，茯苓粉30克，甘草5克

✄ 工具
锅，榨汁机，面膜碗，面膜棒

◐ 制作方法
1. 将甘草洗净，放入锅中，用小火熬制20分钟，滤出汁液，放至温凉。
2. 将番茄洗净切块，放入榨汁机中榨成汁。
3. 将番茄汁、甘草汁、茯苓粉放入面膜碗中，用面膜棒拌匀即成。

✖ 使用方法
洁面后，将调好的面膜涂抹在脸上（避开眼部、唇部四周的肌肤），10~15分钟后用温水洗净即可。

美丽提示

　　使用中药面膜需注意：①中药面膜不宜敷太久，在面膜六七分干时就应洗掉，以免肌肤脱水紧绷。②中药面膜宜在晚上敷用。晚上身体新陈代谢旺盛，此时敷中药面膜功效最强。③坚持使用。中药面膜主要对肌肤起调理作用，要坚持使用，肤质才能得到明显改善。

红酒珍珠粉面膜

　　珍珠粉能增强细胞的新陈代谢功能，白嫩肌肤，对受紫外线侵害过的肌肤具有快速修护、美白滋润的效果。坚持使用，可有效美白、淡化色斑。

♣ 材料

红酒 4 小匙，珍珠粉 10 克，蜂蜜 1/2 小匙

✖ 工具

面膜棒，面膜碗

◉ 制作方法

1. 将珍珠粉倒入面膜碗中。
2. 加入红酒、蜂蜜，用面膜棒充分搅拌均匀，调成糊状即成。

✖ 使用方法

洁面后，将调好的面膜涂抹在脸上（避开眼部、唇部四周的肌肤），10~15 分钟后用温水洗净即可。

☺ 各种肤质	🥣 美白抗衰
🕐 1～2次 / 周	❄ 冷藏 1 周

金银花菠萝通心粉面膜

　　菠萝中含有的维生素 E 不仅能淡化面部色斑，使皮肤润泽、透明，还能有效去除角质，促进肌肤新陈代谢，使皮肤呈现柔美白皙的健康状态。

♣ 材料

菠萝肉 50 克，通心粉末、金银花各 10 克，开水适量

✖ 工具

水果刀，搅拌器，面膜棒，面膜碗

◉ 制作方法

1. 将菠萝肉放入搅拌器中，打成泥。
2. 将金银花用开水冲泡，静置 10 分钟，取汁备用。
3. 将通心粉末倒入面膜碗中，倒入菠萝泥、金银花汁，用面膜棒搅拌均匀即成。

✖ 使用方法

洁面后，将调好的面膜涂抹在脸上（避开眼部、唇部四周的肌肤），10~15 分钟后用温水洗净即可。

☺ 各种肤质	🥣 去黑美白
🕐 1～2次 / 周	❄ 冷藏 7 天

滋润保湿面膜
Moisturizing Mask

清爽保湿 x 肌肤水嫩

水分是健康肌肤的第一要素，美白、防晒、控油等步骤都需要在补水保湿的基础上完成。保湿面膜是给皮肤供水的"急救站"，可以快速输送营养和水分，有效提升肌肤的水分含量，缓解肌肤的干燥状态，同时在肌肤表面形成水脂质膜，持久锁住肌肤中的水分，有效改善肌肤干燥、粗糙、暗淡等问题。

胡萝卜黄瓜面膜

这款面膜含有丰富的维生素、胡萝卜素、纤维素及植物精华成分，能深层润泽肌肤，补充肌肤所需的营养与水分，令肌肤水漾嫩白。

 各种肤质

⏱ 1~3次/周

🥣 润泽滋养

❄ 冷藏4天

☘ **材料**
胡萝卜、黄瓜各1根，鸡蛋1个，面粉适量

✄ **工具**
搅拌器，面膜碗，面膜棒，水果刀

♦ **制作方法**
1. 将胡萝卜、黄瓜分别洗净切块，放入搅拌器中搅拌成蔬菜泥。
2. 将鸡蛋磕开，充分搅拌，打至泡沫状。
3. 将蔬菜泥、鸡蛋液倒入面膜碗中，加入面粉，用面膜棒搅拌均匀即成。

✖ **使用方法**
洁面后，将调好的面膜涂抹在脸上（避开眼部、唇部四周的肌肤），10~15分钟后用温水洗净即可。

美丽提示

黄瓜除了有极好的补水功效外，还有收敛和消除肌肤皱纹的作用。尤其是干性肤质，肌肤表面很容易形成细纹，而消除皱纹最简单的方法，就是将黄瓜榨汁，然后用棉花棒蘸取汁液，在皱纹处反复擦用。

狝猴桃蜂蜜面膜

　　这款面膜富含维生素和矿物质，能补充肌肤水分，调节肌肤油脂分泌，有效改善肌肤干燥、暗沉等状况。

♣ 材料

狝猴桃1个，蜂蜜2小匙

✄ 工具

搅拌器，面膜碗，面膜棒

◢ 制作方法

1. 将狝猴桃洗净去皮，入搅拌器打成泥。
2. 将狝猴桃泥、蜂蜜倒入面膜碗中。
3. 用面膜棒搅拌均匀，调成糊状即成。

✄ 使用方法

洁面后，将调好的面膜涂抹在脸上（避开眼部、唇部四周的肌肤），10~15分钟后用温水洗净即可。

☺ 各种肤质	🥄 净肤活颜
🕐 2~3次/周	❄ 冷藏3天

鸡蛋牛奶面膜

　　蛋黄对皮肤有很强的保湿作用，牛奶具有滋润营养的作用。此款面膜可使肌肤柔嫩细滑，充满弹性。

♣ 材料

鸡蛋1个，鲜牛奶2大匙，面粉4大匙

✄ 工具

面膜碗，面膜棒

◢ 制作方法

1. 鸡蛋磕破，取鸡蛋黄放在面膜碗里，倒入鲜牛奶搅拌均匀。
2. 再加入面粉，用面膜棒沿一个方向搅拌均匀即可。

✄ 使用方法

洁面后，将调好的面膜涂抹在脸上（避开眼部、唇部四周的肌肤），10~15分钟后用温水洗净即可。

☺ 各种肤质	🥄 滋养肌肤
🕐 2~3次/周	❄ 冷藏1周

胡萝卜面膜

这款面膜含大量胡萝卜素，可以起到抗氧化和美白肌肤的作用，还可以清除肌肤多余的角质，同时具备一定的保湿润肤效果。

❀ 材料
胡萝卜1根，蜂蜜1小匙

✖ 工具
搅拌器，面膜碗，
面膜棒

● 制作方法
1. 将胡萝卜洗净去皮，放入搅拌器搅打成泥。
2. 将胡萝卜泥倒入面膜碗中，加入蜂蜜，用面膜棒调成糊状即成。

✖ 使用方法
洁面后，将调好的面膜涂抹在脸上（避开眼部、唇部四周的肌肤），10~15分钟后用温水洗净即可。

😐	各种肤质	🥣	美白保湿
🕐	1~2次/周	❄	冷藏3天

南瓜蛋醋面膜

这款面膜含有阿尔法羟基、醋酸等成分，能深层润泽肌肤，补充肌肤所需的水分与营养，令肌肤水润细嫩。

❀ 材料
南瓜60克，鸡蛋1个，白醋1小匙

✖ 工具
锅，磨泥器，面膜碗，面膜棒

● 制作方法
1. 将南瓜洗净去皮去籽，放入锅中蒸熟，用磨泥器研成泥，放凉待用。
2. 将鸡蛋磕开，充分打散。
3. 将南瓜泥、白醋、蛋液倒入面膜碗中，用面膜棒调匀即成。

✖ 使用方法
洁面后，将调好的面膜涂抹在脸上（避开眼部、唇部四周的肌肤），10~15分钟后 用温水洗净即可。

😐	各种肤质	🥣	补水润泽
🕐	1~2次/周	❄	冷藏2天

玫瑰橙花茉莉面膜

这款面膜含有丰富的矿物质和蛋白质，可在肌肤表层形成一层保护膜，具有滋润肌肤、增强肌肤弹性的功效。

♣ **材料**
玫瑰精油、橙花精油、茉莉精油各1滴，橄榄油2小匙

✖ **工具**
面膜碗，面膜棒，面膜纸

◐ **制作方法**
1. 将橄榄油倒入面膜碗中，滴入玫瑰精油、橙花精油和茉莉精油。
2. 用面膜棒搅拌，调匀即成。

✖ **使用方法**
将面膜纸浸泡在面膜汁中，待其浸满液体胀开后，取出贴敷在按摩至发热的面部，10~15分钟后揭下面膜，用温水洗净即可。

 干性肤质 　　 滋润肌肤
🕐 1~2次/周 　　❄ 冷藏3天

木瓜酸奶面膜

这款面膜含乳酸菌、蛋白酶等营养物质，能补充肌肤所需的水分与养分，抑制黑色素生成，令肌肤水润白皙。

♣ **材料**
木瓜1/4个，酸奶2大匙

✖ **工具**
搅拌器，面膜碗，面膜棒

◐ **制作方法**
1. 将木瓜洗净，去皮去籽，放入搅拌器打成泥。
2. 将木瓜泥、酸奶一同倒入面膜碗中。
3. 用面膜棒充分搅拌，调匀即成。

✖ **使用方法**
洁面后，将调好的面膜涂抹在脸上（避开眼部、唇部四周的肌肤），10~15分钟后用温水洗净即可。

 各种肤质 　　 补水美白
🕐 2~3次/周 　　❄ 冷藏3天

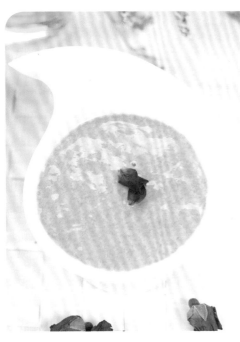

玫瑰蓝莓润肤面膜

　　这款面膜能起到深层滋养肌肤的作用，补充肌肤细胞所需营养与水分，改善粗糙、细纹等肌肤问题，令肌肤更水润。

❉ 材料
蓝莓10粒，玫瑰精油、橙花精油各1滴，面粉适量

✖ 工具
磨泥器，面膜碗，面膜棒

◐ 制作方法
1. 将蓝莓洗净，放入磨泥器研磨成果泥状。
2. 将蓝莓果泥、玫瑰精油、橙花精油、面粉一同倒在面膜碗中。
3. 用面膜棒充分搅拌，调和成糊状即成。

✖ 使用方法
洁面后，将调好的面膜涂抹在脸上（避开眼部、唇部四周的肌肤），10~15分钟后用温水洗净即可。

☺ 各种肤质		🥣 滋养保湿
⏱ 1~2次/周		❄ 冷藏1天

菠菜汁蜂蜜面膜

　　菠菜含有非常丰富的蛋白质和维生素，能促进肌肤血液循环，排除肌肤毒素，将新鲜的养分和氧气输送到肌肤表皮细胞，使面部娇白红润。同时，菠菜还能抑制黑色素沉着，有效防治面部色斑。此外，菠菜还有抗衰老、促进细胞再生等功效。

❉ 材料
菠菜50克，蜂蜜2小匙

✖ 工具
榨汁机，面膜碗，面膜棒，面膜纸

◐ 制作方法
1. 将菠菜洗净，放入榨汁机中榨汁，置于面膜碗中。
2. 在面膜碗中加入蜂蜜，用面膜棒搅拌均匀。
3. 在调好的面膜中浸入面膜纸，泡开即成。

✖ 使用方法
洁面后，将面膜纸敷在脸上，压平，静敷10~15分钟后用取下，用温水洗净即可。

☹ 各种肤质		🥣 补水保湿
⏱ 1~3次/周		❄ 冷藏1天

佛手瓜汁面膜

这款面膜能起到深层清洁肌肤的作用，同时向肌肤提供所需的水分和营养，令肌肤柔嫩细腻。

♣ **材料**
佛手瓜 100 克

✂ **工具**
榨汁机，面膜碗，面膜纸，水果刀

💧 **制作方法**
1. 将佛手瓜洗净，切片，榨汁，置于面膜碗中。
2. 在佛手瓜汁中浸入面膜纸，泡开即成。

☺ 各种肤质	🥣 补水保湿
🕐 1～3次/周	❄ 冷藏 2 天

莴笋汁面膜

这款面膜含丰富的维生素，能有效保养肌肤，具有收缩毛孔、淡化色斑等美容功效。

♣ **材料**
莴笋 100 克

✂ **工具**
榨汁机，面膜碗，面膜纸，水果刀

💧 **制作方法**
1. 取莴笋的茎部，去皮洗净、切片。
2. 莴笋片放入榨汁机中榨汁，倒入面膜碗中，浸入面膜纸，泡开即成。

☺ 各种肤质	🥣 保湿收敛
🕐 2～3次/周	❄ 冷藏 3 天

菠菜牛奶面膜

这款面膜含有天然保湿因子，能快速锁住肌肤水分，让肌肤水润有光泽。

♣ **材料**
菠菜 50 克，鲜牛奶 2 小匙

✂ **工具**
榨汁机，面膜碗，面膜棒，面膜纸

💧 **制作方法**
1. 将菠菜洗净，榨汁，置于面膜碗中。
2. 在面膜碗中加入鲜牛奶，和菠菜汁一起搅拌均匀。
3. 在调好的面膜中浸入面膜纸，泡开即成。

☺ 各种肤质	🥣 滋养保湿
🕐 2～3次/周	❄ 冷藏 1 天

火龙果泥面膜

这款面膜含有维生素C和花青素，能有效淡化皱纹，补充水分。

♣ 材料
火龙果1个

✘ 工具
磨泥器，面膜碗

◐ 制作方法
火龙果切开，取果肉，研磨成泥即成。

😊 各种肤质	🥣 保湿抗皱
🕐 2～3次/周	❄️ 立即使用

蜂蜜面膜

这款面膜能增强肌肤活力，防止皮肤干燥，令肌肤光洁细腻。

♣ 材料
蜂蜜3小匙

✘ 工具
面膜碗，面膜棒

◐ 制作方法
1. 在面膜碗中倒入蜂蜜。
2. 用面膜棒搅拌均匀即成。

😊 各种肤质	🥣 滋养保湿
🕐 2～3次/周	❄️ 冷藏5天

蜂蜜雪梨面膜

这款面膜能帮助肌肤持久保持水润、健康、白皙的状态，令肌肤变得柔滑、水润。

♣ 材料
雪梨1个，蜂蜜1匙

✘ 工具
搅拌器，面膜碗，面膜棒，水果刀

◐ 制作方法
1. 雪梨洗净去皮去核，放入搅拌器中打成泥。
2. 将雪梨泥、蜂蜜一同置于面膜碗中，用面膜棒充分搅拌即成。

😊 各种肤质	🥣 补水保湿
🕐 2～3次/周	❄️ 冷藏3天

山药丹参面膜

这款面膜能补充肌肤所需的营养与水分，令肌肤光滑水亮。

♣ 材料
山药粉、丹参粉各15克，蜂蜜2小匙，纯净水适量

✂ 工具
面膜碗，面膜棒

♦ 制作方法
1. 将山药粉、丹参粉、蜂蜜一同加入面膜碗中。
2. 加入适量纯净水，用面膜棒搅拌均匀即成。

☹ 各种肤质	🥣 滋润保湿
🕐 1～2次/周	❄ 冷藏1天

花茶珍珠粉面膜

这款面膜含有极为丰富的护肤成分，能帮助嫩白肌肤，令肌肤变得白皙水润。

♣ 材料
玫瑰花茶10克，珍珠粉20克

✂ 工具
面膜碗，面膜棒

♦ 制作方法
1. 将玫瑰花茶泡开，滤水，置于面膜碗中。
2. 在面膜碗中加入珍珠粉，用面膜棒搅拌均匀即成。

☹ 干性/中干性	🥣 保湿美白
🕐 2～3次/周	❄ 冷藏3天

☹ 各种肤质	🥣 滋养保湿
🕐 2～3次/周	❄ 冷藏1天

双粉王浆面膜

这款面膜含有蛋白质、氨基酸等营养成分，可深层滋润肌肤，改善粗糙和干燥的肌肤状态。

♣ 材料
薏米粉、珍珠粉各20克，蜂王浆1小匙，鸡蛋1个

✂ 工具
面膜碗，面膜棒

♦ 制作方法
1. 将鸡蛋磕开，将蛋浆充分打散。
2. 将薏米粉、珍珠粉、蜂王浆、蛋浆一同倒入碗中，加入适量水，用面膜棒搅拌均匀即成。

香蕉面膜

香蕉含有胡萝卜素、B族维生素、维生素C、碳水化合物及多种矿物质,能提供肌肤所需的水分与养分,令肌肤持久润泽。

♣ 材料
香蕉1根

✂ 工具
磨泥器,面膜碗,面膜棒,水果刀

◆ 制作方法
1. 将香蕉去皮切块,放入磨泥器中研成泥状。
2. 将香蕉泥倒入面膜碗中,用面膜棒充分搅拌均匀即成。

| ☺ 各种肤质 | 🥣 补水保湿 |
| 🕐 1~2次/周 | ❄ 立即使用 |

燕麦木瓜面膜

这款面膜所含的水果酵素成分,可深层净化及润泽肌肤,让肌肤明亮有光泽。

♣ 材料
燕麦粉、木瓜各50克,鲜牛奶2大匙

✂ 工具
搅拌器,面膜碗,面膜棒,水果刀

◆ 制作方法
1. 将木瓜洗净去皮切成小块,放入搅拌器中打成泥。
2. 将木瓜泥、牛奶、燕麦粉一同倒入面膜碗中,用面膜棒搅拌均匀即成。

| ☺ 各种肤质 | 🥣 净化滋润 |
| 🕐 1~2次/周 | ❄ 冷藏3天 |

| ☹ 干性肌肤 | 🥣 补水镇静 |
| 🕐 1~2次/周 | ❄ 冷藏3天 |

鲜奶蛋黄面膜

这款面膜含卵磷脂和镇静成分,能有效锁水保湿,防止肌肤干燥老化。

♣ 材料
鲜牛奶3大匙,鸡蛋1个,檀香精油2滴

✂ 工具
面膜碗,面膜棒

◆ 制作方法
1. 将鸡蛋磕开,滤取蛋黄,充分打散备用。
2. 将鲜牛奶、蛋黄液倒入面膜碗中,滴入精油,用面膜棒搅拌均匀即成。

红酒蜜盐面膜

红酒由葡萄酿制而成，葡萄所含的抗氧化剂能令肌肤美白滋润。红酒中的果酸还有抗皱作用。这款面膜能对抗体内的自由基，深层滋养肌肤，令肌肤水润光泽。

♣ **材料**
红酒 4 小匙，白醋 2 小匙，蜂蜜、盐各 1 小匙

✖ **工具**
面膜碗，面膜棒

◉ **制作方法**
1. 将红酒、蜂蜜倒入面膜碗中，调至浓稠。
2. 加入白醋和盐，用面膜棒搅拌均匀即成。

✖ **使用方法**
洗净脸后，将面膜均匀地敷在脸上（避开眼部和唇部周围），待其八成干时用温水冲洗干净即可。

☹ 各种肤质		🥣	滋润营养
🕐 1～2 次 / 周		❄	冷藏 5 天

红茶红糖面膜

这款面膜含有糖分、矿物质及甘醇酸。甘醇酸是一种分子体积最小的果酸，能促进肌肤的新陈代谢，而糖分及矿物质能吸收水分，保持肌肤的润泽度。

♣ **材料**
红茶叶、红糖各 30 克，纯净水 100 毫升，面粉 50 克

✖ **工具**
搅拌器，面膜碗，面膜棒

◉ **制作方法**
1. 将红茶叶、红糖加纯净水煎煮，煮至浓稠后，放凉备用。
2. 将红茶红糖汁倒入面膜碗中，加入面粉。
3. 用面膜棒充分搅拌，调成均匀的糊状即成。

✖ **使用方法**
洁面后，将调好的面膜涂抹在脸上（避开眼部、唇部四周的肌肤），10~15 分钟后用温水洗净即可。

☹ 各种肤质		🥣	补水滋润
🕐 1～2 次 / 周		❄	冷藏 7 天

三花养颜面膜

这款面膜含有丰富的营养成分，不但能给肌肤提供营养，还能预防肌肤粗糙。

♣ 材料

干梨花、李花、桃花各15克，蜂蜜2小匙

✄ 工具

锅，纱布，面膜碗，面膜棒，面膜纸

♦ 制作方法

1. 将干梨花、李花、桃花洗净，加水煮后，用纱布滤水即为混合花水。
2. 在面膜碗中加入混合花水、蜂蜜，搅拌均匀。
3. 浸泡面膜纸，泡开即成。

☺ 各种肤质		🥣 滋润保湿	
⏰ 2~3次/周		❄ 冷藏1天	

枸杞葡萄酒面膜

这款面膜含丰富的维生素、亚油酸、酒石酸及红酒多酚等美容成分，能深层润泽肌肤，令肌肤红润且富有光泽。

♣ 材料

葡萄酒1大匙，枸杞20克

✄ 工具

榨汁机，纱布，面膜碗，面膜棒，面膜纸

♦ 制作方法

1. 将枸杞用开水泡开，榨汁，用纱布滤汁。
2. 将枸杞汁、葡萄酒一同倒入面膜碗中拌匀。
3. 浸入面膜纸，泡开即成。

☺ 各种肤质		🥣 滋润保湿	
⏰ 1~3次/周		❄ 冷藏1天	

☹ 干性肌肤		🥣 净化保湿	
⏰ 1~2次/周		❄ 冷藏3天	

红酒蜂蜜面膜

这款面膜含有酒石酸、单宁酸及红酒多酚等美容成分，能补充肌肤所需的水分与养分，让肌肤保持润泽。

♣ 材料

红酒50克，蜂蜜1大匙

✄ 工具

面膜碗，面膜棒

♦ 制作方法

1. 将红酒倒在面膜碗中。
2. 缓缓加入蜂蜜，用面膜棒充分搅拌调和均匀即成。

香蕉番茄面膜

　　这款面膜富含蛋白质、矿物盐、钾等保湿成分，能有效促进肌肤新陈代谢，增强肌肤的锁水能力，让肌肤持久保持水嫩。

♣ 材料

香蕉1根，番茄1个，淀粉5克

✘ 工具

水果刀，搅拌器，面膜碗，面膜棒

♦ 制作方法

1. 将香蕉去皮，番茄洗净切块，一同放入搅拌器中打成泥。
2. 将打好的泥倒入面膜碗中，加入淀粉，用面膜棒搅拌均匀即成。

✘ 使用方法

洁面后，将调好的面膜涂抹在脸上（避开眼部、唇部四周的肌肤），10~15分钟后用温水洗净即可。

😐 各种肤质	🥣 锁水保湿
🕐 1~2次/周	❄ 冷藏1周

😐 老化肤质	🥣 营养润泽
🕐 1~2次/周	❄ 冷藏1周

番茄蜂蜜面膜

　　这款面膜含矿物盐、维生素、乳酸、酶、植物激素及糖类等保湿精华，可为肌肤全方位补水，深层滋补肌肤，让肌肤保持年轻水嫩。

♣ 材料

番茄30克，蜂蜜2小匙

✘ 工具

搅拌器，面膜碗，面膜棒，水果刀

♦ 制作方法

1. 将番茄洗净切成小块，放入搅拌器打成泥。
2. 将番茄泥倒入面膜碗，加入蜂蜜，用面膜棒搅拌均匀即成。

✘ 使用方法

洁面后，将调好的面膜涂抹在脸上（避开眼部、唇部四周的肌肤），10~15分钟后用温水洗净即可。

西瓜保湿面膜

西瓜含维生素 A、维生素 C 及 B 族维生素等肌肤必需养分，能增加皮肤弹性。

♣ 材料
西瓜 100 克

✄ 工具
水果刀，搅拌器，面膜碗，面膜棒，面膜纸

◐ 制作方法
1. 将西瓜去皮切成小块，入搅拌器打成泥。
2. 将西瓜泥倒入面膜碗中，调匀，放入面膜纸，泡开即成。

各种肤质	滋润保湿
天天使用	冷藏 2 天

番茄酸奶面膜

这款面膜含番茄红素及大量水分，可补充肌肤所需的水分，让肌肤水嫩光滑。

♣ 材料
番茄 2 个，酸奶 3 大匙

✄ 工具
搅拌器，面膜碗，面膜棒

◐ 制作方法
1. 将番茄洗净切块，放入搅拌器打成泥。
2. 将番茄泥倒入面膜碗中，加入酸奶，用面膜棒混合均匀即可。

干性肤质	补水润泽
1～2 次 / 周	冷藏 3 天

各种肤质	美白保湿
1～3 次 / 周	冷藏 2 天

丝瓜面膜

这款面膜能深层滋养肌肤，补充肌肤水分，抑制肌肤黑色素的生成，美白肌肤。

♣ 材料
丝瓜 1 根

✄ 工具
榨汁机，面膜碗，面膜纸

◐ 制作方法
1. 将丝瓜洗净，去皮及籽，榨汁，倒入面膜碗。
2. 在丝瓜汁中浸入面膜纸，泡开即成。

鸡蛋橄榄油面膜

这款面膜富含脂肪酸及天然脂溶性维生素，肌肤吸收效果更好，防止水分流失。

❖ 材料
鸡蛋1个，橄榄油2小匙

✖ 工具
面膜碗，面膜棒

💧 制作方法
1. 将鸡蛋磕开，充分打散。
2. 将蛋液倒入面膜碗中，加入橄榄油，用面膜棒充分搅拌均匀即可。

😐	各种肤质	⚗	锁水保湿
🕐	1~2次/周	❄	冷藏7天

香蕉蜂蜜面膜

这款面膜含维生素、矿物质等营养素，能深层润泽肌肤，防止皮肤皲裂。

❖ 材料
香蕉100克，蜂蜜1小匙

✖ 工具
搅拌器，面膜碗，面膜棒，水果刀

💧 制作方法
1. 将香蕉剥皮切块，放入搅拌器中打成泥。
2. 将香蕉泥倒入面膜碗中，加入蜂蜜，用面膜棒搅拌均匀即成。

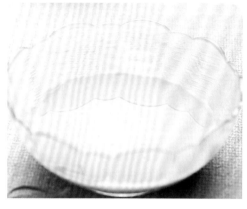

😐	干性肤质	⚗	营养润泽
🕐	1~2次/周	❄	冷藏7天

玉米糊蜂蜜面膜

这款面膜所含的淀粉，能保护皮脂和肌肤中的水分，促进肌肤的再生与活力，让肌肤变得柔嫩光滑。

❖ 材料
玉米粉30克，蜂蜜2小匙

✖ 工具
面膜碗，面膜棒

💧 制作方法
1. 将玉米粉倒入面膜碗中，加入蜂蜜。
2. 用面膜棒充分搅拌，调成均匀的糊状即成。

😐	各种肤质	⚗	滋润保湿
🕐	1~2次/周	❄	冷藏7天

黄瓜维E面膜

　　黄瓜的含水量高达 96%~98%，能快速补充肌肤水分。同时，黄瓜含有的黄瓜酶能有效促进机体新陈代谢和血液循环，达到润肤美容的目的。

❧ 材料
黄瓜 100 克，维生素 E 胶囊 1 粒，橄榄油 1 小匙

✄ 工具
搅拌器，面膜碗，面膜棒

♦ 制作方法
1. 将黄瓜洗净去皮，放入搅拌器中搅拌成泥状。
2. 将黄瓜泥倒入面膜碗中，戳开维生素 E 胶囊，滴入维生素 E 油。
3. 再加入橄榄油，用面膜棒搅拌均匀即成。

✹ 使用方法
洁面后，将调好的面膜涂抹在脸上（避开眼部、唇部四周的肌肤），10~15 分钟后用温水洗净即可。

☹ 各种肤质	🥣 补水修复
🕐 1~3 次 / 周	❄ 冷藏 3 天

花粉蛋黄鲜奶面膜

　　这款面膜含有极为丰富的美肤有效成分，能深层滋养、净化肌肤，锁住肌肤水分，令肌肤水润清透，自然亮泽。

❧ 材料
鸡蛋 1 个，鲜牛奶 2 小匙，月季花花粉、面粉各 10 克

✄ 工具
面膜碗，面膜棒

♦ 制作方法
1. 将鸡蛋磕开，取鸡蛋黄，置于面膜碗中。
2. 在面膜碗中加入月季花花粉、鲜牛奶、面粉，用面膜棒搅拌均匀即成。

✹ 使用方法
洁面后，将调好的面膜涂抹在脸上（避开眼部、唇部四周的肌肤），10~15 分钟后用温水洗净即可。

☹ 各种肤质	🥣 滋养保湿
🕐 1~3 次 / 周	❄ 冷藏 3 天

丝瓜鸡蛋面膜

这款面膜含植物黏液、维生素及矿物质等成分，能清洁肌肤，补充水分，维持肌肤角质层的水分，令肌肤水润清透。

♣ 材料
丝瓜 50 克，鸡蛋 1 个

✘ 工具
磨泥器，面膜碗，面膜棒，水果刀

♦ 制作方法
1. 将丝瓜洗净，去皮及籽，入磨泥器捣成泥。
2. 将鸡蛋磕开，滤取鸡蛋黄，与丝瓜泥一同倒入面膜碗中，用面膜棒搅拌均匀即成。

😐 中性 / 干性肤质		🥣 补水保湿	
🕐 2 ~ 4 次 / 周		❄ 冷藏 2 天	

冰块面膜

冰块能增强肌肤活力，防止皮肤干燥，有效收缩毛孔，令肌肤柔软、细腻。

♣ 材料
冰块 100 克

✘ 工具
干净纱布，面膜碗

♦ 制作方法
用纱布将冰块包住，直接在脸上涂抹即可。

😐 各种肤质		🥣 补水消肿	
🕐 2 ~ 3 次 / 周		❄ 立即使用	

维 E 燕麦面膜

这款面膜能延缓肌肤细胞老化，令肌肤新生，让肌肤恢复弹性。

♣ 材料
燕麦粉 50 克，维生素 E 胶囊 2 粒，蜂蜜、清水各适量

✘ 工具
面膜碗，面膜棒

♦ 制作方法
1. 将燕麦粉倒入面膜碗中。
2. 将维生素 E 胶囊戳开，滴入燕麦粉中。
3. 加入蜂蜜和适量水，用面膜棒调匀即成。

😐 各种肤质		🥣 补水抗老	
🕐 2 ~ 3 次 / 周		❄ 冷藏 5 天	

米汤面膜

　　这款面膜能有效润泽肌肤，提升肌肤锁水能力，令肌肤细腻光滑。

♣ 材料
大米 50 克，水适量

✂ 工具
锅，面膜碗，面膜纸

♠ 制作方法
1. 将大米洗净，放入锅内加水煮沸，15 分钟后关火。
2. 将米汤倒入面膜碗中，晾凉之后放入面膜纸，待其泡开即成。

☺ 各种肤质	🥄 补水保湿
🕐 1～3 次 / 周	❄ 冷藏 1 天

莴笋黄瓜面膜

　　这款面膜含丰富的美肤成分，能锁住肌肤水分，同时清洁肌肤，令肌肤自然水润。

♣ 材料
莴笋 50 克，黄瓜 30 克，优酪乳 3 小匙

✂ 工具
榨汁机，面膜碗，面膜棒，水果刀

♠ 制作方法
1. 将莴笋、黄瓜分别去皮，洗净切块，榨汁。
2. 将两种汁液一同置于面膜碗中。
3. 加入优酪乳，搅拌均匀即成。

☺ 各种肤质	🥄 保湿清洁
🕐 1～3 次 / 周	❄ 冷藏 1 天

☺ 各种肤质	🥄 美白保湿
🕐 1～3 次 / 周	❄ 冷藏 3 天

酵母牛奶蜂蜜面膜

　　这款面膜含有极佳的美白因子，能深层净化肌肤，令肌肤变得白皙清透。

♣ 材料
干酵母 20 克，鲜牛奶 100 毫升，蜂蜜 2 小匙

✂ 工具
微波炉，面膜碗，面膜棒

♠ 制作方法
1. 将牛奶倒入杯中用微波炉加热 2 分钟，置于面膜碗中。
2. 在碗中加入干酵母、蜂蜜，用面膜棒搅拌均匀即可。

西瓜皮面膜

这款面膜能深层补充肌肤所需的水分，提高肌肤的储水能力，有效补水保湿。

♣ **材料**
西瓜皮 100 克

✖ **工具**
水果刀

♦ **制作方法**
1. 将西瓜皮外层的绿色硬皮部分切除，保留白色果皮部分。
2. 将白色果皮再切成薄片即成。

😊 | 各种肤质　　　🥣 | 补水保湿
🕐 | 每天使用　　　❄ | 冷藏 3 天

酸奶蜂蜜面膜

这款面膜含有丰富的护肤滋润成分，能持久锁住肌肤水分，令肌肤润泽细嫩。

♣ **材料**
蜂蜜 1 大匙，酸奶 2 大匙

✖ **工具**
面膜碗，面膜棒

♦ **制作方法**
1. 在面膜碗中加入蜂蜜、酸奶。
2. 用面膜棒搅拌均匀即成。

😊 | 各种肤质　　　🥣 | 补水保湿
🕐 | 2～3 次 / 周　　❄ | 冷藏 3 天

蜂蜜牛奶面膜

这款面膜能补充肌肤所需的水分，改善肌肤粗糙、干燥等问题，从而美白肌肤。

♣ **材料**
蜂蜜 2 小匙，鲜牛奶 2 大匙

✖ **工具**
面膜碗，面膜棒，面膜纸

♦ **制作方法**
1. 在面膜碗中加入蜂蜜、鲜牛奶搅拌均匀。
2. 在调好的面膜中浸入面膜纸，泡开即成。

 干性肌肤　　　🥣 | 补水保湿
🕐 | 2～3 次 / 周　　❄ | 冷藏 3 天

苹果淀粉面膜

这款面膜含维生素、果酸及大量水分，有极佳的补水功效，能深层滋养肌肤，持久保持保湿。

♣ 材料
苹果1个，淀粉30克，水适量

✄ 工具
搅拌器，面膜碗，面膜棒，水果刀

♦ 制作方法
1. 将苹果洗净，去皮及核，切小块，放入搅拌器打成泥。
2. 将苹果泥与淀粉倒入面膜碗中。
3. 加入适量水，用面膜棒调成糊状即成。

✄ 使用方法
洁面后，将调好的面膜涂抹在脸上（避开眼部、唇部四周的肌肤），10~15分钟后用温水洗净即可。

☹ 各种肤质	🥣 滋润保湿
🕐 2~3次/周	❄ 冷藏3天

桃子葡萄面膜

这款面膜具有极佳的补水、滋养功效，能让皮肤更白皙的同时，补充肌肤所需的水分，深层滋养肌肤，令肌肤更加润泽。

♣ 材料
桃子、葡萄各30克，面粉10克

✄ 工具
榨汁机，面膜碗，面膜棒

♦ 制作方法
1. 将桃子和葡萄分别洗净，去皮榨汁，置于面膜碗中。
2. 在面膜碗中加入面粉，用面膜棒搅拌均匀即成。

✄ 使用方法
洁面后，将调好的面膜涂抹在脸上（避开眼部、唇部四周的肌肤），10~15分钟后用温水洗净即可。

☹ 各种肤质	🥣 保湿滋润
🕐 1~3次/周	❄ 冷藏3天

土豆甘油面膜

　　土豆含大量淀粉、维生素、蛋白质，可以防止皮肤干燥，有滋润保湿的功效，与甘油混合，保湿、净化效果更强。这款面膜能使皮肤倍感润泽，对干燥肌肤尤其有效。

♣ 材料
土豆 1 小块，甘油 1/2 小匙，保湿萃取液 1/4 小匙

✄ 工具
磨泥器，面膜碗，面膜棒

♦ 制作方法
1. 将土豆去皮，洗净后用磨泥器研磨成泥。
2. 将土豆泥倒入面膜碗中，加入甘油、保湿萃取液，用面膜棒混合拌匀即成。

✄ 使用方法
洁面后，将调好的面膜涂抹在脸上（避开眼部、唇部四周的肌肤），10~15 分钟后用温水洗净即可。

☹ 干燥肤质		🥄 营养滋润
🕐 1~2 次/周		❄ 冷藏 5 天

银耳润颜面膜

　　银耳富含多种微量元素，可改善肌肤的营养状况，增强表皮细胞活力，提高肌肤的免疫能力。银耳中的胶质可以帮助肌肤补充并锁住水分，使皮肤的弹性更好。

♣ 材料
银耳粉 10 克，鲜牛奶 2 大匙，甘油 3 大匙

✄ 工具
面膜碗，面膜棒

♦ 制作方法
1. 将银耳粉倒入面膜碗中，加入鲜牛奶、甘油。
2. 用面膜棒充分搅拌，调和均匀即成。

✄ 使用方法
洁面后，将调好的面膜涂抹在脸上（避开眼部、唇部四周的肌肤），10~15 分钟后用温水洗净即可。

☹ 各种肤质		🥄 润泽补水
🕐 1~2 次/周		❄ 冷藏 7 天

香蕉麻油面膜

这款面膜含丰富的润泽滋养因子，能深层滋养肌肤，补充肌肤所需的营养。

♣ 材料

麻油 2 小匙，香蕉 1 根

✂ 工具

磨泥器，面膜碗，面膜棒，水果刀

◍ 制作方法

1. 将香蕉去皮，切成小块，研成泥状。
2. 将香蕉泥、麻油一同倒在面膜碗中，用面膜棒搅拌均匀即成。

☹ 各种肤质	🥣 滋养保湿
🕐 2～3次/周	❄ 立即使用

益母草保湿面膜

这款面膜富含硒、益母草碱、芸香苷等独特成分，能增强肌肤细胞活力，锁住肌肤水分，令肌肤水润动人。

♣ 材料

益母草粉、面粉各 10 克，滑石粉 3 克，纯净水适量

✂ 工具

面膜碗，面膜棒

◍ 制作方法

1. 在面膜碗中加入益母草粉、面粉、滑石粉。
2. 加入适量纯净水，搅拌均匀即成。

☹ 各种肤质	🥣 保湿祛痘
🕐 1～2次/周	❄ 冷藏 3 天

☹ 各种肤质	🥣 补水嫩白
🕐 2～3次/周	❄ 冷藏 3 天

丝瓜珍珠粉面膜

这款面膜含有多种维生素，有较强的美白补水效果，可让肌肤白皙水嫩。

♣ 材料

丝瓜 1 根，珍珠粉 1 小匙

✂ 工具

榨汁机，纱布，面膜碗，面膜棒，水果刀

◍ 制作方法

1. 将丝瓜洗净去皮、切块，用榨汁机榨汁，用纱布滤汁。
2. 将珍珠粉倒入面膜碗中，加入丝瓜汁，用面膜棒搅拌成糊状即可。

水果泥深层滋养面膜

这款面膜富含糖分、维生素、矿物质及果胶，有滋养、收敛与增加肌肤弹性的效果。

♣ 材料

苹果1个，梨1个，香蕉1根

✖ 工具

搅拌器，面膜碗，面膜棒，水果刀

♠ 制作方法

1. 将苹果、梨洗净，去皮；香蕉去皮；将它们一同放入搅拌器中，打成泥。
2. 将果泥倒入面膜碗中，用面膜棒调匀即可。

各种肤质	滋养收敛
1~2次/周	立即使用

土豆牛奶面膜

这款面膜能活化、滋养肌肤，有效改善肌肤粗糙、干燥、细纹的状况。

♣ 材料

土豆1个，牛奶3大匙

✖ 工具

锅，面膜碗，面膜棒，水果刀

♠ 制作方法

1. 将土豆去皮洗净，入锅煮至熟软，捣成泥，晾凉。
2. 将土豆泥、牛奶一同倒在面膜碗中。
3. 用面膜棒充分搅拌，调和成稀薄适中的糊状即成。

各种肤质	补水保湿
2~3次/周	冷藏3天

各种肤质	补水保湿
1~3次/周	冷藏3天

双花牛奶面膜

这款面膜能补充肌肤所需水分，滋养肌肤，令肌肤光滑水亮、绽放光彩。

♣ 材料

牛奶2小匙，干桃花、梨花、面膜粉各10克

✖ 工具

磨泥器，面膜碗，面膜棒

♠ 制作方法

1. 用磨泥器将干桃花、梨花磨成双花粉。
2. 将牛奶、双花粉和面膜粉一同加入面膜碗中。
3. 用面膜棒搅拌均匀即成。

苦瓜黄瓜蜂蜜面膜

这款面膜含苦瓜苷和黄瓜酶等营养素，能润肤、抗衰老、细致毛孔、消炎去痘，令肌肤清透无瑕。

♣ 材料
苦瓜 1 根，黄瓜半根，蜂蜜 1 小匙，面粉、水各适量

✄ 工具
搅拌器，面膜碗，面膜棒，水果刀

♦ 制作方法
1. 将苦瓜、黄瓜分别洗净去瓤，切块后加入搅拌器打成蔬菜泥。
2. 将蔬菜泥、蜂蜜、面粉倒入面膜碗中。
3. 加入适量水，用面膜棒调匀即成。

✄ 使用方法
洁面后，将调好的面膜涂抹在脸上（避开眼部、唇部四周的肌肤），10~15 分钟后用温水洗净即可。

😶 各种肤质		🥣 锁水细致
🕐 1~3 次/周		❄ 冷藏 3 天

😶 各种肤质		🥣 补水滋润
🕐 2~3 次/周		❄ 冷藏 3 天

冬瓜瓤蜂蜜面膜

这款面膜含亚油酸及甘露醇等营养素，能深层补充肌肤细胞新陈代谢所需的营养与水分，令肌肤水嫩润泽。

♣ 材料
冬瓜瓤 100 克，面粉 50 克，蜂蜜 1 小匙，清水适量

✄ 工具
锅，面膜碗，面膜棒

♦ 制作方法
1. 将冬瓜瓤连同其中的冬瓜子放入锅中，加水熬煮 1 小时后去渣取汁。
2. 将冬瓜瓤汁、面粉、蜂蜜一同倒入面膜碗中。
3. 用面膜棒搅拌均匀即成。

✄ 使用方法
洁面后，将调好的面膜涂抹在脸上（避开眼部、唇部四周的肌肤），10~15 分钟后用温水洗净即可。

茉莉花面膜

这款面膜含丰富的茉莉花素，能滋润肌肤，防止肌肤干燥。

♣ 材料
干茉莉花 30 克，薏米粉 20 克，清水适量

✘ 工具
锅，纱布，面膜碗，面膜棒

♦ 制作方法
1. 将茉莉花加水煮开后，用纱布滤水，置于面膜碗中。
2. 加入薏米粉，用面膜棒搅拌均匀即成。

😐 各种肤质		🥣 抗敏保湿	
🕐 2 ~ 3 次 / 周		❄ 冷藏 3 天	

杏仁粉面膜

这款面膜能刺激及促进汗腺与皮脂腺的分泌，补充肌肤营养，令肌肤明亮水润。

♣ 材料
杏仁粉 50 克，盐 10 克，水适量

✘ 工具
面膜碗，面膜棒

♦ 制作方法
1. 将杏仁粉倒入面膜碗中，加入盐和适量水。
2. 用面膜棒搅拌均匀即成。

😐 干性肤质		🥣 水润保湿	
🕐 1 ~ 2 次 / 周		❄ 冷藏 8 天	

土豆焕彩面膜

这款面膜含蛋白质、维生素C、B族维生素，及钙、镁、钾等矿物质，能补充皮肤所缺水分，使皮肤倍感细腻润泽。

♣ 材料
土豆 2 个

✘ 工具
搅拌器，面膜碗，面膜棒，水果刀

♦ 制作方法
1. 将土豆洗净去皮，切成块，入搅拌器打成泥。
2. 将土豆泥倒入面膜碗中，用面膜棒调匀即成。

😐 各种肤质		🥣 营养水润	
🕐 1 ~ 2 次 / 周		❄ 冷藏 7 天	

蜂蜜奶粉面膜

蜂蜜是皮肤细胞的保湿锁水剂，易被人体表皮细胞所吸收。奶粉的脂质及蛋白质均可滋润肌肤。

♣ 材料

蜂蜜1大匙，脱脂奶粉2大匙

✂ 工具

面膜碗，面膜棒

♦ 制作方法

1. 将蜂蜜放入面膜碗中。
2. 将奶粉缓缓加入蜂蜜中，边加边搅拌，直至拌匀即可。

😐 中性/干性肤质	🥣 滋润保湿
🕐 1～2次/周	❄ 立即使用

绿茶甘油面膜

这款面膜含茶多酚、维生素C等营养美肤元素，能减少肌肤细胞内的游离基，淡化色斑，改善肌肤暗沉、粗糙的状况。

♣ 材料

绿茶10克、甘油2小匙

✂ 工具

锅，纱布，面膜碗，面膜棒，面膜纸

♦ 制作方法

1. 将绿茶放入锅中，加水煮，取绿茶水，放凉。
2. 与甘油一同倒入面膜碗中，搅拌均匀。
3. 在调好的面膜中浸入面膜纸，泡开即成。

😐 各种肤质	🥣 美白保湿
🕐 2～3次/周	❄ 冷藏3天

😐 各种肤质	🥣 锁水滋润
🕐 1～2次/周	❄ 冷藏2天

芦荟面膜

芦荟凝胶的渗透性很强，可直达皮肤深层，帮助肌肤吸附氧气，锁住肌肤水分。

♣ 材料

芦荟叶2片，橄榄油1小匙

✂ 工具

榨汁机，面膜碗，面膜棒，面膜纸，水果刀

♦ 制作方法

1. 将芦荟叶去皮，切小块，放入榨汁机打成汁。
2. 将芦荟汁倒入面膜碗中，加入橄榄油，用面膜棒调匀，放入面膜纸，泡开即成。

牛奶杏仁面膜

这款面膜所含的脂肪油、蛋白质及矿物质,可帮助细胞锁住水分,滋润美白肌肤。

♣ 材料
奶粉、杏仁粉各30克,蜂蜜1小匙,水适量

✄ 工具
面膜碗,面膜棒

♦ 制作方法
1. 将杏仁粉、奶粉倒入面膜碗中,加入蜂蜜和少许水。
2. 用面膜棒充分搅拌均匀即成。

☺ 各种肤质		🥣 补水美白	
🕐 1~3次/周		❄ 冷藏5天	

蛋黄蜂蜜面膜

这款面膜可增强皮肤的活力和抗菌力,防止皮肤干燥。

♣ 材料
鸡蛋1个,蜂蜜1小匙,面粉适量

✄ 工具
面膜碗,面膜棒

♦ 制作方法
1. 将鸡蛋磕开,滤取蛋黄,打散。
2. 将蛋黄液倒入面膜碗中,加入蜂蜜和面粉,用面膜棒调成浓浆状即可。

☺ 各种肤质		🥣 营养滋润	
🕐 1~3次/周		❄ 冷藏3天	

黄瓜土豆面膜

这款面膜富含淀粉,能保护皮肤表层,锁住水分,使皮肤细致、水润。

♣ 材料
黄瓜1根,土豆半个,面粉、纯净水各适量

✄ 工具
榨汁机,面膜碗,面膜棒,水果刀

♦ 制作方法
1. 将黄瓜洗净去头尾,土豆去皮,一同放入榨汁机,榨取汁液。
2. 将蔬菜汁倒入面膜碗中,加入面粉及少量水,用面膜棒搅拌均匀即成。

☺ 各种肤质		🥣 锁水保湿	
🕐 1~2次/周		❄ 冷藏3天	

冬瓜白酒蜂蜜面膜

　　冬瓜性寒凉、味甘淡，果肉及果瓤中含有丰富的甘露醇、葫芦素 β 、维生素 C 及维生素 E 等美肤营养成分，具有极佳的清凉排毒、净白肌肤、保湿祛斑的功效，能有效改善皮肤老化、细纹、暗沉、色斑、痤疮等多种肌肤问题，令肌肤变得水润清透。

 各种肤质

 1~2次/周

🥣 美白嫩肤

❄ 冷藏5天

♣ **材料**
冬瓜 30 克，白酒 3 大匙，面粉 40 克，蜂蜜 1 小匙，清水适量

✂ **工具**
锅，面膜碗，面膜棒，水果刀

💧 **制作方法**
1. 将冬瓜洗净去皮，切块后加白酒和清水在锅中熬煮成膏状，放凉。

2. 加入蜂蜜，搅拌至稀稠适中。

3. 将适量的膏体倒入面膜碗中，加入面粉，用面膜棒调匀即成。

✄ **使用方法**
洁面后，将调好的面膜涂抹在脸上（避开眼部、唇部四周的肌肤），10~15 分钟后用温水洗净即可。

 美丽提示

　　白酒中的酒精成分具有特殊的护肤功效，是极佳的消毒杀菌剂、清洁剂及去油污剂，对易生粉刺、暗疮的肌肤有良好的作用，特别适合油性肤质者或伴有粉刺、暗疮的肌肤者使用。

橘汁芦荟面膜

这款面膜含维生素及木质素等营养成分，能在肌肤上生成透明保湿膜，保持肌肤滋润。

♣ 材料
芦荟叶1片，柑橘1个，维E胶囊1粒，面粉适量

✂ 工具
榨汁机，面膜碗，面膜棒，水果刀

♦ 制作方法
1. 将芦荟洗净去皮，柑橘剥开，一同放入榨汁机打成果汁。
2. 将果汁、面粉倒入面膜碗中，滴入维生素E油，用面膜棒调匀即成。

😑 各种肤质	🥣 补水美白
🕐 1~2次/周	❄ 冷藏3天

维E蜂蜜面膜

这款面膜可促进末端血管的血液循环，使皮肤得到充足的营养供应，让皮肤保持光泽润滑。

♣ 材料
维E胶囊1粒，鸡蛋1个，甘油、蜂蜜各1小匙

✂ 工具
面膜碗，面膜棒

♦ 制作方法
1. 将鸡蛋磕开，滤取蛋黄，打散。
2. 将蛋黄液、蜂蜜、甘油倒入面膜碗中，戳开维E胶囊，加入维E油，用面膜棒充分搅拌均匀即成。

😑 中性/油性肤质	🥣 营养滋润
🕐 1~2次/周	❄ 冷藏3天

😑 各种肤质	🥣 滋养肌肤
🕐 1~3次/周	❄ 冷藏5天

杏仁鸡蛋润肤面膜

这款面膜能深层滋养肌肤，为肌肤补充所需的各种营养，防止肌肤干燥脱皮。

♣ 材料
鸡蛋1个，杏仁粉50克，蜂蜜、盐各1小匙，维E胶囊2粒

✂ 工具
面膜碗，面膜棒

♦ 制作方法
1. 将鸡蛋磕开，滤取蛋黄，打散。
2. 将杏仁粉、蛋黄液、蜂蜜、盐倒入面膜碗中，加入维生素E油，用面膜棒调匀即成。

04

抗老活肤面膜
Anti-Wrinkle Mask

肌肤补品 x 驻颜抗衰

光滑细嫩的肌肤是每个女人毕生的追求。然而随着年龄的增长，肌肤越来越经不起外界环境的刺激，皱纹、松弛、色斑等诸多问题相继出现，这时就需要对皮肤进行抗衰老的护理了。抗衰老面膜是肌肤的"补品"，其中的抗氧化剂可以有效补充肌肤所需的营养成分，在短时间内激发肌肤活力，强效活化肌肤，改善肌肤的细纹和色斑问题，令肌肤变得润泽细腻，重现青春光彩。

雪梨蜜糖面膜

　　雪梨含维生素 A、维生素 C、氨基酸及天然果酸等成分，不但能抑制黑色素沉着，淡化色斑，深层清洁肌肤，还能补充肌肤所需的水分，促进肌肤的新陈代谢，改善肌肤干燥缺水的状况，令肌肤白皙水嫩。

- 😊 各种肤质
- 🕐 2～3次/周
- 🥄 滋养抗衰
- ❄ 冷藏 3 天

🌿 材料
雪梨 1 个，蜂蜜、红糖各 1 小匙

✂ 工具
搅拌器，面膜碗，面膜棒，水果刀，面膜纸

💧 制作方法
1. 将雪梨洗净，去皮去核，放入搅拌器中打成泥。
2. 将红糖用开水冲泡融化，放凉待用。
3. 将雪梨泥、蜂蜜、红糖水一同置于面膜碗中，充分搅拌即成。

✄ 使用方法
洁面后，将面膜纸浸泡在面膜汁中，令其浸满涨开，取出贴敷在面部，10~15 分钟后揭下面膜，用温水洗净即可。

美丽提示

　　蜂蜜是极佳的天然美容品，能够促进肌肤的新陈代谢，增强肌肤活力，并能有效减少色素沉着，防止皮肤干燥，令肌肤柔软、洁白、细腻，从而起到理想的养颜美容的作用。

蛋黄茶末面膜

　　这款面膜含有蛋白质及茶红素，能有效促进肌肤细胞的新陈代谢，具有极佳的排毒美白、延缓肌肤衰老的功效。

❧ 材料

鸡蛋1个，面粉10克，红茶末5克、开水适量

✄ 工具

面膜碗，面膜棒，纱布

♨ 制作方法

1. 用开水冲泡红茶末，滤出茶水待用。
2. 将鸡蛋磕开，取鸡蛋黄，置于面膜碗中。
3. 再加入面粉、茶水，用面膜棒搅拌均匀即成。

✄ 使用方法

洁面后，将调好的面膜涂抹在脸上（避开眼部、唇部四周的肌肤），10~15分钟后用温水洗净即可。

😀 各种肤质	🥣 排毒抗老
🕐 1~3次/周	❄ 冷藏3天

土豆酸奶面膜

　　这款面膜含有滋养与润泽因子，能补充肌肤细胞更新所需的营养与水分，令肌肤变得润泽紧致，富有弹性。

❧ 材料

土豆2个，酸奶3大匙

✄ 工具

锅，面膜碗，面膜棒，水果刀

♨ 制作方法

1. 将土豆去皮洗净，入锅煮至熟软，捣成泥，晾凉。
2. 将土豆泥、酸奶一同倒在面膜碗中。
3. 用面膜棒充分搅拌，调和成稀薄适中的糊状即成。

✄ 使用方法

洁面后，将调好的面膜涂抹在脸上（避开眼部、唇部四周的肌肤），10~15分钟后用温水洗净即可。

😐 各种肤质	🥣 滋养抗衰
🕐 1~3次/周	❄ 冷藏3天

香蕉奶茶面膜

这款面膜能对抗并清除肌肤中的氧自由基，帮助延缓肌肤衰老，预防皱纹产生，令肌肤变得柔嫩细腻。

♣ 材料
香蕉 1 根，鲜牛奶 4 小匙，乌龙茶一包

✄ 工具
磨泥器，茶杯，面膜碗，面膜棒

♦ 制作方法
1. 将香蕉去皮研成泥状。
2. 将乌龙茶冲泡取茶水。
3. 将香蕉泥、牛奶、茶水一同倒入面膜碗中，用面膜棒充分搅拌，调成糊状即成。

✄ 使用方法
洁面后，将调好的面膜涂抹在脸上（避开眼部、唇部四周的肌肤），10~15 分钟后用温水洗净即可。

😐 各种肤质	🥣 延缓衰老
🕐 1~3 次/周	❄ 立即使用

芦荟黑芝麻面膜

这款面膜含维生素 E 与芦荟凝胶等成分，能促进肌肤细胞更新，中和细胞内游离基的沉淀，有效延缓细胞衰老。

♣ 材料
黑芝麻粉 50 克，芦荟叶 2 片，蜂蜜适量

✄ 工具
磨泥器，面膜碗，面膜棒，水果刀

♦ 制作方法
1. 将芦荟洗净去皮切块，放入磨泥器打成胶质。
2. 将黑芝麻粉、芦荟胶、蜂蜜一同倒在面膜碗中。
3. 用面膜棒充分搅拌，调成稀薄适中的糊状即成。

✄ 使用方法
洁面后，将调好的面膜涂抹在脸上，10~15 分钟后用温水洗净即可。

😐 各种肤质	🥣 延缓衰老
🕐 2~3 次/周	❄ 冷藏 2 天

香蕉葡萄燕麦面膜

这款面膜能促进肌肤细胞更新，加快皮肤新陈代谢，有效延缓肌肤衰老，淡化细纹，令肌肤恢复活力。

❀ 材料

香蕉、牛奶、燕麦片、葡萄干、蜂蜜各适量

✄ 工具

锅，磨泥器，面膜碗，面膜棒

💧 制作方法

1. 将牛奶、燕麦片、葡萄干入锅煮至熟烂，放凉待用。
2. 将香蕉磨成泥状。
3. 将所有材料放入面膜碗中，用面膜棒充分搅拌即成。

✄ 使用方法

洁面后，将调好的面膜涂抹在脸上（避开眼部、唇部四周的肌肤），10~15分钟后用温水洗净即可。

 各种肤质　　 淡化细纹

🕐 1~2次/周　　❄ 立即使用

绿豆粉蛋白面膜

这款面膜含维生素E及黏蛋白等美肤因子，能抑制脂质的过氧化反应，迅速紧绷肌肤，平展皱纹，令肌肤充满弹性。

❀ 材料

绿豆粉40克，蛋白质粉10克，水适量

✄ 工具

面膜碗，面膜棒

💧 制作方法

1. 将绿豆粉、蛋白质粉倒入面膜碗中。
2. 加入适量清水，用面膜棒充分搅拌，调和成稀薄适中的糊状即成。

✄ 使用方法

洁面后，将调好的面膜涂抹在脸上（避开眼部、唇部四周的肌肤），10~15分钟后用温水洗净即可。

 各种肤质　　🥣 祛皱抗衰

🕐 1~2次/周　　❄ 冷藏3天

牛奶草莓面膜

　　这款面膜富含多种维生素、氨基酸和天然果酸，能促进肌肤新陈代谢，有效抗皱活肤。

❀ 材料

草莓5颗，鲜牛奶100毫升

✂ 工具

磨泥器，纱布，面膜碗，面膜棒，水果刀

◯ 制作方法

1. 将草莓去蒂切块，放入磨泥器中磨成泥。
2. 用纱布包裹草莓，滤取汁液。
3. 将草莓汁与鲜牛奶倒入面膜碗中，调匀即成。

☺ 各种肤质	🥣 营养抗老
🕐 1~2次/周	❄ 冷藏3天

牛奶面粉面膜

　　牛奶含有乳脂肪、维生素与矿物质，能防止肌肤干燥，并可抚平干纹，能滋润、清洁皮肤，具收敛、防皱的功效。

❀ 材料

牛奶2大匙，面粉15克，纯净水适量

✂ 工具

面膜碗，面膜棒

◯ 制作方法

将牛奶和面粉倒入面膜碗中，加入适量纯净水，用面膜棒调至糊状即可。

☺ 各种肤质	🥣 滋润抗皱
🕐 1~2次/周	❄ 冷藏3天

火龙果麦片面膜

　　这款面膜富含营养元素，能迅速提升肌肤弹性，淡化细纹，令肌肤润泽柔嫩。

❀ 材料

火龙果1个，燕麦片、珍珠粉各15克，纯净水适量

✂ 工具

磨泥器，面膜碗，面膜棒，水果刀

◯ 制作方法

1. 火龙果切开，取果肉，捣成泥状。
2. 将果泥、珍珠粉、燕麦片、适量纯净水一同倒入面膜碗中。
3. 用面膜棒充分搅拌均匀即成。

☺ 各种肤质	🥣 滋养祛皱
🕐 2~3次/周	❄ 冷藏3天

番茄杏仁面膜

这款面膜特有的维生素和蛋白质能深层滋养润泽肌肤，祛斑除皱，帮助改善暗沉粗糙的肌肤状况。

❖ 材料

番茄1个，杏仁粉30克，橄榄油1小匙

✄ 工具

榨汁机，面膜碗，面膜棒，水果刀

◐ 制作方法

1. 将番茄洗净切块，放入榨汁机榨成汁。
2. 将番茄汁、杏仁粉、橄榄油放入面膜碗中。
3. 用面膜棒充分搅拌，调和成糊状即成。

✄ 使用方法

洁面后，将调好的面膜涂抹在脸上（避开眼部、唇部四周的肌肤），10~15分钟后用温水洗净即可。

😊 各种肤质	🥣	润泽抗衰
🕐 1~2次/周	❄	冷藏3天

藕粉番茄面膜

这款面膜含有极为丰富的美肤成分，能深层滋养润泽肌肤，祛斑除皱，帮助改善暗沉、粗糙、老化的肌肤状况。

❖ 材料

番茄1个，藕粉10克，玉米粉30克，水适量

✄ 工具

搅拌器，面膜碗，面膜棒，水果刀

◐ 制作方法

1. 将番茄洗净，去皮及蒂，于搅拌器中打成泥。
2. 将果泥、藕粉、玉米粉一同倒在面膜碗中。
3. 加入少许水，用面膜棒搅拌均匀即成。

✄ 使用方法

洁面后，将调好的面膜涂抹在脸上（避开眼部、唇部四周的肌肤），10~15分钟后用温水洗净即可。

😊 各种肤质		润泽抗衰
🕐 1~2次/周	❄	冷藏3天

香蕉鳄梨面膜

这款面膜含有丰富的天然油脂，特别容易被肌肤吸收。此外，其蕴含的维生素 E 还有具抗氧化的功效，对预防皱纹产生有一定的效果。

❖ 材料

香蕉半根，鳄梨一个，纯净水适量

✄ 工具

磨泥器，面膜碗，面膜棒

⬦ 制作方法

1. 将香蕉、鳄梨去皮，洗净磨成泥状。
2. 将香蕉泥、鳄梨泥倒入面膜碗中，加入纯净水，用面膜棒搅拌均匀即成。

✄ 使用方法

洁面后，将调好的面膜涂抹在脸上（避开眼部、唇部四周的肌肤），10~15 分钟后用温水洗净即可。

☺ 各种肤质	🥣 滋养抗皱
🕐 1~2 次 / 周	❄ 立即使用

黄瓜蛋黄面膜

这款面膜含有丰富的滋养润泽成分，能深层润泽肌肤细胞，提升肌肤弹性，起到延缓肌肤衰老，淡化细纹的作用。

❖ 材料

黄瓜 1 根，鸡蛋 2 个

✄ 工具

榨汁机，面膜碗，面膜棒，水果刀，面膜纸

⬦ 制作方法

1. 将黄瓜洗净切块，放入榨汁机中榨汁备用。
2. 将鸡蛋磕开，滤取蛋黄，搅拌均匀。
3. 将鸡蛋液、黄瓜汁倒入面膜碗，用面膜棒调匀即成。

✄ 使用方法

洁面后，将面膜纸浸泡在面膜汁中，令其浸满涨开，取出贴敷在面部，10~15 分钟后揭下面膜，用温水洗净即可。

☹ 干性肤质	🥣 延缓衰老
🕐 1~2 次 / 周	❄ 冷藏 2 天

狝猴桃玫瑰面膜

这款面膜富含维生素，能增强肌肤细胞活力，修复肌肤，缓解细纹和色斑。

❀ 材料

狝猴桃 1 个，鸡蛋 1 个，玫瑰精油 1 滴

✄ 工具

搅拌器，面膜碗，面膜棒

💧 制作方法

1. 将狝猴桃洗净去皮，入搅拌器打成泥。
2. 将鸡蛋磕开，滤取蛋黄，充分打散。
3. 将狝猴桃泥、蛋黄、玫瑰精油倒入面膜碗中，用面膜棒调匀即成。

😊 各种肤质	🥣 净化活颜
🕐 1～2次/周	❄ 冷藏 3 天

木瓜杏仁面膜

这款面膜富含木瓜酶与滋养因子，能加快肌肤新陈代谢，延缓细胞衰老。

❀ 材料

木瓜 1/4 个，杏仁粉 30 克

✄ 工具

搅拌器，面膜碗，面膜棒，水果刀

💧 制作方法

1. 将木瓜洗净，去皮去籽，放入搅拌器打成泥。
2. 将木瓜泥、杏仁粉一同倒入面膜碗中。
3. 用面膜棒充分搅拌，调和成糊状即成。

😊 各种肤质	🥣 祛皱美白
🕐 1～3次/周	❄ 冷藏 3 天

苦瓜面膜

这款面膜含维生素及苦瓜苷等营养素，能增强肌肤细胞活力。

❀ 材料

苦瓜 1 根

✄ 工具

水果刀

💧 制作方法

1. 将苦瓜洗净，对切，去除内瓤。
2. 用水果刀将处理好的苦瓜切成薄片即可。

😊 各种肤质	🥣 淡斑除皱
🕐 2～3次/周	❄ 冷藏 3 天

熏衣草精油面膜

　　此款面膜能起到红润紧实肌肤、防止肌肤老化的作用。熏衣草精油具有调理皮肤、促进皮肤细胞再生的功效，使皮肤得以镇静舒缓，从而容光焕发、恢复活力。

❀ 材料
地瓜 100 克，珍珠粉 10 克，熏衣草精油 2 滴，纯净水适量

✂ 工具
水果刀，搅拌器，面膜碗，面膜棒

♨ 制作方法
1. 将地瓜去皮切块，入搅拌器中打成泥。
2. 将地瓜泥、珍珠粉倒入面膜碗中，加入熏衣草精油和适量纯净水。
3. 用面膜棒充分搅拌，调成均匀的糊状即成。

✖ 使用方法
洁面后，将调好的面膜涂抹在脸上（避开眼部、唇部四周的肌肤），10~15 分钟后用温水洗净即可。

😊 各种肌肤	🥣 延缓衰老
⏰ 1~2 次/周	❄ 冷藏 1 天

海带蜂蜜面膜

　　这款面膜含胶质、氨基酸及 B 族维生素等，可增加肌肤的含水量，赋予肌肤弹性，同时可促进肌肤新陈代谢，活化肌肤，防止肌肤老化。

❀ 材料
海带粉 2 大匙，蜂蜜 1 小匙，温水适量

✂ 工具
面膜棒，面膜碗

♨ 制作方法
1. 将海带粉倒入面膜碗中，加入蜂蜜。
2. 慢慢加入温水，边加边搅拌，拌成均匀的糊状即成。

✖ 使用方法
洁面后，将调好的面膜涂抹在脸上（避开眼部、唇部四周的肌肤），10~15 分钟后用温水洗净即可。

😊 中干性肤质	🥣 紧致抗老
⏰ 2~3 次/周	❄ 冷藏 3 天

米面鲜奶面膜

　　这款面膜含丰富的营养成分，能润泽肌肤，提升肌肤活力与弹性，延缓肌肤衰老。

材料

大米 50 克，鲜牛奶 2 大匙，面粉 10 克，纯净水适量

工具

锅，面膜碗，面膜棒

制作方法

1. 将大米洗净，入锅加纯净水煮成糊状，晾凉。
2. 将米糊与鲜牛奶、面粉一同倒入面膜碗中，用面膜棒搅拌均匀即成。

各种肤质		抗老祛皱	
1～3次／周		冷藏 3 天	

藕粉蛋黄面膜

　　这款面膜含有丰富的粗纤维、核黄素等成分，能令肤质细腻，还可防止肌肤干燥。

材料

鸡蛋 1 个，藕粉、面粉各 10 克

工具

面膜碗，面膜棒

制作方法

1. 将鸡蛋磕开，取鸡蛋黄，置于面膜碗中。
2. 在面膜碗中加入藕粉、面粉，用面膜棒搅拌均匀即成。

各种肤质		润肤抗老	
1～3次／周		冷藏 3 天	

干性肤质		活颜抗老	
1～3次／周		冷藏 3 天	

北芪薏米面膜

　　这款面膜能深层滋养肌肤，激发细胞活力，延缓肌肤老化。

材料

薏米粉 40 克，北芪粉 10 克，纯净水适量

工具

面膜碗，面膜棒

制作方法

1. 将薏米粉、北芪粉一同倒入面膜碗。
2. 加入适量纯净水。
3. 用面膜棒充分搅拌，调成轻薄适中的糊状即成。

葡萄木瓜面膜

这款面膜含木瓜醇、花青素、水溶性维生素及葡萄多酚等天然抗皱精华，能迅速渗透至深层肌肤，激活细胞活力，改善肌肤微循环，修复受损断裂的细胞，令松弛的肌肤变得紧致。并可发挥强劲的保湿作用，牢牢锁住水分，还原肌肤至年轻状态，有效抗击肌肤老化问题。

- 😊 干性肤质
- 🕐 1~2次/周
- 🧴 抗衰除皱
- ❄ 冷藏3天

❀ 材料
木瓜1/4个，葡萄8颗，红酒4小匙

✄ 工具
搅拌器，酒杯，面膜碗，面膜棒

💧 制作方法
1. 将木瓜、葡萄分别洗净，去皮去籽，放入搅拌器打成泥。

2. 将红酒倒入杯中，用面膜棒慢慢搅拌几下，醒酒待用。

3. 将果泥、红酒倒入面膜碗中，用面膜棒拌匀即成。

✄ 使用方法
洁面后，将调好的面膜涂抹在脸上（避开眼部、唇部四周的肌肤），10~15分钟后用温水洗净即可。

美丽提示

木瓜营养丰富，除了可用来做面膜外，还可以用来泡茶、熬汤、食疗。不过作为食疗的木瓜多用皱皮木瓜。食用或美容用的木瓜应采用番木瓜，既可以用来做面膜，也可以生吃，还可以炖汤。

咖啡蛋黄蜂蜜面膜

这款面膜营养丰富，能让肌肤更加紧致，从而有效抗皱，让肌肤更显年轻。

✿ 材料
鸡蛋 1 个，咖啡、面粉各 10 克，蜂蜜 2 小匙

✄ 工具
面膜碗，面膜棒

♦ 制作方法
1. 将鸡蛋磕开，取鸡蛋黄，置于面膜碗中。
2. 在面膜碗中加入咖啡、蜂蜜、面粉，用面膜棒搅拌均匀即成。

☺ 各种肤质	⚗ 燃脂抗皱
⏱ 1～3 次 / 周	❄ 冷藏 3 天

蛋清绿豆面膜

这款面膜能强效活化肌肤，抑制脂质的过氧化反应，帮助肌肤延缓衰老。

✿ 材料
绿豆粉 40 克，鸡蛋 1 个，蜂蜜 1 小匙，清水适量

✄ 工具
面膜碗，面膜棒

♦ 制作方法
1. 将鸡蛋磕开，滤取蛋清，打至泡沫状。
2. 将绿豆粉、蛋清、蜂蜜倒入面膜碗中。
3. 加入适量清水，用面膜棒调匀即成。

☺ 各种肤质	⚗ 抗衰祛皱
⏱ 1～2 次 / 周	❄ 冷藏 2 天

玫瑰橙花燕麦面膜

这款面膜能抑制酪氨酸酶的活性，防止紫外线损害，令肌肤持久年轻。

✿ 材料
玫瑰精油、橙花精油各 1 滴，甘油 2 小匙，燕麦粉 60 克

✄ 工具
面膜碗，面膜棒

♦ 制作方法
1. 将玫瑰精油、橙花精油、甘油、燕麦粉一同倒入面膜碗中。
2. 用面膜棒充分搅拌，调和均匀即成。

☺ 各种肤质	⚗ 抗衰祛皱
⏱ 1～2 次 / 周	❄ 冷藏 1 天

糯米蛋清面膜

这款面膜含丰富的滋养润泽成分，能深层滋润肌肤细胞，帮助延缓肌肤衰老，淡化老化细纹，令肌肤变得柔嫩细腻。

❧ 材料

鸡蛋1个，糯米粉20克，面粉10克，纯净水适量

✄ 工具

面膜碗，面膜棒

◐ 制作方法

1. 将鸡蛋磕开，取鸡蛋清，置于面膜碗中。
2. 将糯米粉、面粉一同倒入面膜碗中，加适量纯净水搅拌均匀即成。

✿ 使用方法

洁面后，将调好的面膜涂抹在脸上（避开眼部、唇部四周的肌肤），10~15分钟后用温水洗净即可。

☺ 各种肤质	🥣 抗老祛皱
🕐 1~3次/周	❋ 冷藏3天

核桃粉蛋清面膜

这款面膜含亚油酸、维生素E、B族维生素及矿物质，具有极强的抗衰老能力，能迅速滋养肌肤，有效延缓衰老、淡化皱纹。

❧ 材料

鸡蛋1个，核桃粉20克，纯净水少许

✄ 工具

面膜碗，面膜棒

◐ 制作方法

1. 将鸡蛋磕开，取鸡蛋清，置于面膜碗中。
2. 在面膜碗中加入核桃粉、适量纯净水，用面膜棒搅拌均匀即成。

✿ 使用方法

洁面后，将调好的面膜涂抹在脸上（避开眼部、唇部四周的肌肤），10~15分钟后用温水洗净即可。

☹ 各种肤质	🥣 抗老祛皱
🕐 1~3次/周	❋ 冷藏3天

银耳珍珠面膜

这款面膜富含天然植物性胶质，保湿能力极佳，同时，银耳还可改善肌肤细纹，补充营养，令肌肤细腻柔嫩。

❀ 材料

银耳 20 克，珍珠粉 5 克，清水适量

✄ 工具

锅，面膜碗，面膜棒

♦ 制作方法

1. 将银耳泡发，锅内加水煮至黏稠，晾凉。
2. 在面膜碗中加入银耳汤、珍珠粉，用面膜棒搅拌均匀即成。

✂ 使用方法

用温水洁面后，将调好的面膜涂抹在脸上（避开眼部、唇部四周的肌肤），静敷 10~15 分钟，用温水洗净即可。

☺ 各种肌肤	🥣 抗老滋润
⏰ 3 ~ 5 次 / 周	❄ 冷藏 3 天

中药银耳面膜

这款面膜含有极为丰富的滋养因子，能补充肌肤细胞更新与修复所需的养分，淡化细纹，令肌肤细腻而富有弹性。

❀ 材料

银耳 10 克，白芷粉、珍珠粉、黄芪粉、玉竹粉、面粉各 5 克，清水适量

✄ 工具

锅，面膜碗，面膜棒

♦ 制作方法

1. 将银耳泡发，加水煮至黏稠，晾凉待用。
2. 在面膜碗中加入银耳汤、白芷粉、珍珠粉、黄芪粉、玉竹粉、面粉，用面膜棒搅拌均匀即成。

✂ 使用方法

洁面后，将调好的面膜涂抹在脸上（避开眼部、唇部四周的肌肤），10~15 分钟后用温水洗净即可。

☺ 各种肤质	🥣 营养祛皱
⏰ 1 ~ 3 次 / 周	❄ 冷藏 3 天

银耳蜂蜜面膜

　　这款面膜能活化肌肤，补充肌肤所需的养分，具有改善肌肤干燥、老化的功效。

❀ 材料

银耳 20 克，蜂蜜 2 小匙，清水适量

✄ 工具

锅，纱布，面膜碗，面膜棒，面膜纸

◐ 制作方法

1. 将银耳泡发煮至黏稠，用纱布滤水，晾凉。
2. 在碗中加入银耳汤、蜂蜜，充分搅拌。
3. 在调好的面膜中浸入面膜纸，泡开即成。

☺ 各种肤质		⚱ 祛皱抗老	
⏱ 1～3 次 / 周		❄ 冷藏 3 天	

葡萄面粉面膜

　　这款面膜能补充肌肤所需的养分，具有活化肌肤，改善肌肤衰老、细纹等功效。

❀ 材料

葡萄 50 克，面粉、淀粉各 5 克

✄ 工具

榨汁机，面膜碗，面膜棒

◐ 制作方法

1. 将葡萄洗净，榨汁，置于面膜碗中。
2. 在面膜碗中加入面粉、淀粉，用面膜棒搅拌均匀即成。

☺ 各种肤质		⚱ 活颜抗老	
⏱ 2～3 次 / 周		❄ 冷藏 3 天	

珍珠核桃面膜

　　这款面膜具有极强的抗衰老功能，能迅速滋养肌肤，有效延缓衰老。

❀ 材料

珍珠粉、核桃粉各 10 克，鲜牛奶 2 小匙，蜂蜜 1 小匙

✄ 工具

面膜碗，面膜棒

◐ 制作方法

1. 将珍珠粉、核桃粉一同倒在面膜碗中。
2. 加入蜂蜜、牛奶，用面膜棒搅拌均匀即成。

☹ 各种肤质		⚱ 抗老祛皱	
⏱ 1～3 次 / 周		❄ 冷藏 3 天	

猪蹄山楂面膜

　　这款面膜含有极为丰富的胶原蛋白、山楂酸及维生素 C 等美肤成分，能改善肌肤细纹、松弛的状况，令肌肤润泽紧致、富有弹性。

🍀 材料
山楂 15 克，猪蹄 100 克，清水适量

✂ 工具
锅，瓶子

💧 制作方法
1. 将山楂洗净，猪蹄刮洗干净。
2. 将猪蹄、山楂一同入锅，加水炖煮至熟烂。
3. 撇去浮油，将汤汁置于瓶中，冷藏即成。

✂ 使用方法
洁面后，将调好的面膜涂抹在脸上（避开眼部、唇部四周的肌肤），10~15 分钟后用温水洗净即可。

😊 各种肤质	润泽抗衰
🕐 3 ~ 5 次 / 周	❄ 冷藏 5 天

龙眼双粉面膜

　　这款面膜能补充肌肤所需的水分与营养元素，延缓肌肤衰老，改善肌肤细纹、干燥、粗糙等状况，令肌肤变得细腻紧致。

🍀 材料
蜂蜜 2 小匙，茯苓粉、杏仁粉各 10 克，龙眼 30 克，纯净水适量

✂ 工具
搅拌器，面膜碗，面膜棒

💧 制作方法
1. 将龙眼去皮、核，搅拌成泥。
2. 将龙眼泥、蜂蜜、杏仁粉、茯苓粉一同放入面膜碗中。
3. 加适量纯净水，用面膜棒搅拌均匀即成。

✂ 使用方法
洁面后，将调好的面膜涂抹在脸上（避开眼部、唇部四周的肌肤），10~15 分钟后用温水洗净即可。

😊 各种肤质	抗老祛皱
🕐 1 ~ 3 次 / 周	❄ 冷藏 3 天

珍珠王浆面膜

这款面膜所含的营养美肤元素，能促进肌肤的新陈代谢，迅速提升肌肤弹性，延缓肌肤衰老状况，淡化细纹，令肌肤润泽柔嫩。

❧ 材料

鸡蛋1个，珍珠粉15克、蜂王浆1大匙

✂ 工具

面膜碗，面膜棒

♦ 制作方法

1. 将鸡蛋磕开，置于面膜碗中。
2. 加入珍珠粉、蜂王浆，用面膜棒搅拌均匀即成。

✂ 使用方法

洁面后，将调好的面膜涂抹在脸上（避开眼部、唇部四周的肌肤），10~15分钟后用温水洗净即可。

😊 各种肤质	🥣 抗老滋养
🕐 1~2次/周	❄ 立即使用

😊 干性肤质	🥣 抗老祛皱
🕐 1~2次/周	❄ 冷藏7天

金橘抗老化面膜

此款面膜能滋润肌肤、防止肌肤老化。金橘富含维生素C，可以抗自由基、防老化，特别是对干性肌肤常见的小细纹很有效。利用乳酪的蛋白质及酶，还可以达到去角质和保湿的功效。

❧ 材料

金橘50克，乳酪、蜂蜜各1/2小匙

✂ 工具

搅拌器，面膜碗，面膜棒，水果刀

♦ 制作方法

1. 将金橘切片，放入搅拌器中打成泥。
2. 将金橘泥倒入面膜碗中，加入乳酪、蜂蜜，一起搅拌均匀即成。

✂ 使用方法

洁面后，将本款面膜涂在脸上（避开眼部和唇部周围），约20分钟后，用清水冲洗干净即可。

核桃蜂蜜面膜

　　这款面膜富含蛋白质、碳水化合物、粗纤维、微量元素和丰富的油脂，能够深层滋润肌肤，补充细胞更新所需的营养，有效淡化细纹、延缓衰老。

🌿 材料

核桃粉、面粉各 30 克，蜂蜜两大匙，纯净水适量

🔪 工具

面膜碗，面膜棒

🥄 制作方法

1. 将核桃粉倒入面膜碗中，加入蜂蜜、面粉和适量纯净水。
2. 用面膜棒充分搅拌均匀，调成轻薄适中的糊状即成。

✴ 使用方法

洁面后，将调好的面膜涂抹在脸上（避开眼部、唇部四周的肌肤），10~15 分钟后用温水洗净即可。

😊 各种肤质	🥣 润泽抗衰
🕐 1~2次/周	❄ 冷藏5天

珍珠粉麦片面膜

　　珍珠粉能起到抗衰老和美白的作用，让皮肤清爽柔滑，白皙可人。火龙果含有维生素 E 和一种更为特殊的成分——花青素，它们都具有抗氧化、抗自由基、抗衰老的作用。二者合一可促进肌肤的血液循环，滋润肌肤，防止肌肤老化。

🌿 材料

火龙果 50 克，麦片、珍珠粉各 10 克，水适量

🔪 工具

水果刀，搅拌器，面膜碗，面膜棒

🥄 制作方法

1. 将火龙果去皮切块，放入搅拌器打成泥。
2. 将珍珠粉、火龙果泥倒入面膜碗中，加入麦片和适量水。
3. 用面膜棒搅拌均匀即成。

✴ 使用方法

洁面后，将本款面膜涂在脸上（避开眼部和唇部周围），约 20 分钟后，用清水冲洗干净即可。

😊 各种肤质	🥣 祛皱美白
🕐 2~3次/周	❄ 冷藏3天

干性肤质　**润泽抗老**
1~3次/周　**冷藏3天**

鲜奶果泥面膜

这款面膜含维生素C，有很强的抗氧化能力，能深层清洁及滋润肌肤，防止肌肤老化。

材料
苹果50克, 梨10克, 鲜牛奶2小匙, 橄榄油2滴

工具
水果刀，搅拌器，面膜碗，面膜棒

制作方法
1. 将洗净的梨与苹果切块，放入搅拌器打成泥。
2. 将果泥倒入面膜碗中，加入牛奶、橄榄油。
3. 用面膜棒充分搅拌，调成糊状即成。

狝猴桃玉米绿豆面膜

这款面膜富含多种维生素，能有效滋润肌肤，延缓肌肤老化。

材料
狝猴桃50克，玉米粉20克，绿豆10克

工具
水果刀，搅拌器，面膜碗，面膜棒，水适量

制作方法
1. 将绿豆用水提前浸泡一晚。
2. 将狝猴桃去皮切块，与泡好的绿豆一起放入搅拌器中打成泥。
3. 将果泥倒入面膜碗中，加入玉米粉，用面膜棒搅拌调匀即成。

各种肤质　**润泽抗老**
1~2次/周　**冷藏5天**

各种肤质　**活化抗衰**
2~3次/周　**冷藏7天**

乳酪蛋清面膜

这款面膜含有维生素及核黄素，能有效滋养肌肤，活化肌肤细胞，预防肌肤衰老。

材料
乳酪1大匙，鸡蛋1个

工具
面膜碗，面膜棒

制作方法
1. 将鸡蛋磕开，滤取蛋清，打至泡沫状。
2. 将蛋清倒入面膜碗中，加入乳酪，用面膜棒搅拌均匀即成。

红提甘油面膜

这款面膜含丹宁、维生素、脂肪酸等营养物质，可深层滋润肌肤，促进皮肤细胞更新，使皮肤变得细致光滑。

❀ 材料
红提 6 颗，甘油 1 小匙，奶粉 25 克

✂ 工具
磨泥器，面膜碗，面膜棒

◖ 制作方法
1. 将红提洗净去皮，放入磨泥器中研磨成泥。
2. 将红提泥、奶粉、甘油一同倒入面膜碗中，用面膜棒搅拌调匀即成。

✖ 使用方法
洁面后，将调好的面膜涂抹在脸上（避开眼部、唇部四周的肌肤），10~15 分钟后用温水洗净即可。

☺ 各种肤质	⚕ 润泽紧致
⏱ 1~2 次 / 周	❄ 冷藏 4 天

柠檬乳酪面膜

这款面膜含维生素及多种微量元素，能加强肌肤毛细血管的抵抗力，增加肌肤细胞的氧气供给，收紧细纹，预防衰老。

❀ 材料
柠檬 1 个，乳酪 3 小匙，鸡蛋 1 个，红糖 10 克

✂ 工具
锅，面膜碗，面膜棒，水果刀

◖ 制作方法
1. 将鸡蛋磕开，滤取蛋黄，打散。
2. 将柠檬切开，挤出汁液。
3. 将红糖、乳酪倒入锅中，小火煮至融化，晾凉。
4. 将红糖奶酪汁、柠檬汁、蛋黄一起倒入面膜碗中，用面膜棒搅拌均匀即成。

✖ 使用方法
洁面后，将调好的面膜涂抹在脸上（避开眼部、唇部四周的肌肤），10~15 分钟后用温水洗净即可。

各种肤质	⚕ 活化抗老
⏱ 1~2 次 / 周	❄ 冷藏 3 天

维生素 E 栗子面膜

维生素 E 能延缓细胞老化，使皮肤细胞新生能力增强，皮肤弹性纤维趋于正常。当维生素 E 缺乏时，女性会出现急速老化现象，皱纹便出现了。所以补给适当的维生素 E，可使肌肤变得细腻，消除小皱纹。

- 各种肤质
- 1~2次/周
- 滋润抗老
- 冷藏 3 天

材料
栗子粉 30 克，玫瑰水 2 大匙，维生素 E 胶囊 1 粒

工具
面膜碗，面膜棒

制作方法
1. 将栗子粉倒入面膜碗中，加入玫瑰水、维生素 E 油。

2. 用面膜棒充分搅拌均匀，调成轻薄适中的糊状即成。

使用方法
洁面后，将调好的面膜涂抹在脸上（避开眼部、唇部四周的肌肤），10~15 分钟后用温水洗净即可。

美丽提示

维生素 E 作为抗氧化剂，可在肌肤表面形成一层保护膜，保护必要的脂肪酸及细胞不受破坏，还能扩张血管，防止皮肤出现皱纹及老化现象。在特别干燥的季节，清洁脸部后，还可将维生素 E 油与护肤乳液或精华液调匀后使用，能避免皮肤干燥皲裂，令肌肤滋润白皙。

芝麻蛋黄面膜

芝麻含维生素E、矿物质硒及芝麻素，能够抗氧化、保护细胞的DNA，防止细胞老化。蛋黄中的卵磷脂能够增强肌肤的保湿功能，滋润肌肤，延缓肌肤衰老。

❀ 材料

芝麻粉50克，鸡蛋1个

✄ 工具

面膜碗，面膜棒

♨ 制作方法

1. 将鸡蛋磕开，滤取蛋黄，充分打散。
2. 将芝麻粉倒入面膜碗中，加入打散的蛋黄，用面膜棒搅拌均匀即成。

✄ 使用方法

洁面后，将调好的面膜涂抹在脸上（避开眼部、唇部四周的肌肤），10~15分钟后用温水洗净即可。

☺ 各种肤质	🥣 滋润抗衰
🕐 2~3次/周	❄ 冷藏7天

龙眼杏仁驻颜面膜

龙眼肉含蛋白质和糖，龙眼中所含的铁使面色红润，锌能使肌肤润泽。龙眼与杏仁、蜂蜜相配，美容功效更加显著，可滋润肌肤、防止肌肤老化。

❀ 材料

杏仁粉45克，龙眼40克，蜂蜜5大匙

✄ 工具

搅拌器，面膜碗，面膜棒

♨ 制作方法

1. 将龙眼去壳、核，取净肉放入搅拌器中，搅拌成泥。
2. 将龙眼泥、杏仁粉倒入面膜碗中，加入蜂蜜，用面膜棒搅拌均匀即成。

✄ 使用方法

洁面后，将调好的面膜涂抹在脸上（避开眼部、唇部四周的肌肤），10~15分钟后用温水洗净即可。

☺ 干性肤质	润泽抗老
🕐 1~2次/周	❄ 冷藏7天

糯米粉蜂蜜面膜

这款面膜含葡萄糖、维生素、矿物质等成分，能有效润泽肌肤、展平皱纹，令肌肤富有弹性。

❀ 材料
糯米粉 10 克，蜂蜜 4 小匙

✂ 工具
面膜碗，面膜棒

💧 制作方法
将糯米粉、蜂蜜放入面膜碗中，用面膜棒搅拌成均匀的糊状即成。

| 😐 干性肤质 | 🥣 保湿祛皱 |
| 🕐 1～2 次 / 周 | ❄ 冷藏 7 天 |

火龙果枸杞面膜

这款面膜含丰富的维生素 C 及花青素，能有效清除氧自由基对肌肤的伤害。

❀ 材料
火龙果 1 个，枸杞 20 克，面粉 15 克，纯净水适量

✂ 工具
磨泥器，面膜碗，面膜棒，水果刀

💧 制作方法
1. 将火龙果切开，取果肉，研成泥状。
2. 将枸杞洗净，开水泡软，研成泥状。
3. 将火龙果泥、枸杞泥、面粉、适量纯净水一同倒入面膜碗中，搅拌均匀即成。

| 😐 油性肤质 | 🥣 美白抗皱 |
| 🕐 2～3 次 / 周 | ❄ 冷藏 3 天 |

| 😐 各种肤质 | 🥣 活肤抗衰 |
| 🕐 1～2 次 / 周 | ❄ 冷藏 3 天 |

提子活肤面膜

提子含维生素 C 及维生素 E，可为皮肤提供抗氧化保护，有效对抗游离基，有效帮助肌肤对抗外部侵袭，可延缓皮肤的衰老。

❀ 材料
鲜提子 10 颗

✂ 工具
磨泥器，面膜碗，面膜棒

💧 制作方法
将洗净的提子整颗连核研碎，盛入碗中拌匀即可。

核桃冬瓜面膜

这款面膜含维生素 E、胡萝卜素、维生素 C 等成分，可补充肌肤所需的营养素，能有效延缓肌肤衰老。

🍀 材料

冬瓜 30 克，核桃粉 20 克，蜂蜜 1 小匙，清水适量

✄ 工具

搅拌器，面膜碗，面膜棒，水果刀

💧 制作方法

1. 将冬瓜洗净，去皮切块，放入搅拌器打成泥。
2. 将冬瓜泥、核桃粉、蜂蜜、清水倒入面膜碗中。
3. 用面膜棒搅拌均匀即成。

✄ 使用方法

洁面后，将调好的面膜涂抹在脸上（避开眼部、唇部四周的肌肤），10~15 分钟后用温水洗净即可。

😐 各种肤质	🥣 抗老淡斑
🕐 1~3 次/周	❄ 冷藏 3 天

😐 各种肤质	🥣 营养抗衰
🕐 1~3 次/周	❄ 冷藏 5 天

白芨冬瓜杏仁面膜

这款面膜富含甘露醇、黏液质等营养素，能强效抑制氧自由基的活性，阻抑肌肤细胞氧化，改善肌肤老化的状态。

🍀 材料

冬瓜仁粉 30 克，白芨粉、杏仁粉各 10 克，蜂蜜、纯净水各适量

✄ 工具

面膜碗，面膜棒

💧 制作方法

1. 将冬瓜仁粉、白芨粉、杏仁粉一同倒入面膜碗中。
2. 加入蜂蜜和水。
3. 用面膜棒充分搅拌，调和成均匀的糊状即成。

✄ 使用方法

洁面后，将调好的面膜涂抹在脸上（避开眼部、唇部四周的肌肤），10~15 分钟后用温水洗净即可。

啤酒橄榄油面膜

橄榄油中含维生素 E、矿物质、不饱和脂肪酸及必需的氨基酸等美肤成分，具有良好的渗透性，极易被肌肤吸收，其滋养物质能深层补充肌肤所需水分，清爽自然，绝无油腻感，是纯天然的美容佳品。

- 😣 干性肤质
- 🕐 1～2次 / 周
- 🥣 补水抗老
- ❄ 冷藏 3 天

❀ 材料

啤酒 3 大匙，橄榄油 2 小匙

✄ 工具

面膜碗，面膜棒，面膜纸

💧 制作方法

1. 在面膜碗中加入啤酒、橄榄油，用面膜棒适当搅拌。
2. 在面膜汁中浸入面膜纸，泡

开即成。

✄ 使用方法

洁面后，将面膜纸取出贴敷在面部，10~15 分钟后揭下面膜，用温水洗净即可。

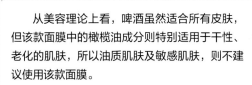

美丽提示

从美容理论上看，啤酒虽然适合所有皮肤，但该款面膜中的橄榄油成分则特别适用于干性、老化的肌肤，所以油质肌肤及敏感肌肤，则不建议使用该款面膜。

精油除皱面膜

这款面膜可深层滋润肌肤，增加皮肤组织的活力，令肌肤保持弹性，消除皱纹。

♣ 材料

甘菊15克，维生素E1粒，荷荷巴油、玫瑰精油、洋甘菊油、檀香精油各1滴

✄ 工具

纱布，面膜碗，面膜棒，面膜纸

♦ 制作方法

1. 将甘菊洗净，泡开滤水，置于面膜碗中。
2. 在面膜碗中加入维生素E和各种精油搅拌。
3. 在面膜水中浸入面膜纸，泡开即成。

☺ 各种肤质	⚕ 抗老祛皱
⏱ 2~3次/周	❄ 冷藏1天

益母草桑叶面膜

这款面膜含有丰富的美肤营养成分，能润泽滋养肌肤，补充肌肤所需的营养元素。

♣ 材料

益母草、桑叶各10克

✄ 工具

锅，纱布，面膜碗，面膜纸

♦ 制作方法

1. 将益母草、桑叶洗净，煮水。
2. 用纱布滤水入面膜碗，晾凉。
3. 在面膜水中浸入面膜纸，泡开即成。

☺ 各种肤质	⚕ 抗老祛皱
⏱ 1~2次/周	❄ 冷藏5天

☺ 各种肤质	⚕ 美白抗老
⏱ 1~3次/周	❄ 立即使用

番茄酱蛋清面膜

这款面膜含茄红素，可清除自由基，还可紧致肌肤，令肌肤紧实有弹性。

♣ 材料

鸡蛋1个，番茄酱2大匙

✄ 工具

面膜碗，面膜棒

♦ 制作方法

1. 将鸡蛋磕开，滤取蛋清，打散。
2. 将蛋清和番茄酱一起放入面膜碗中，用面膜棒搅拌均匀即可。

芦荟优酪乳面膜

这款面膜含有芦荟素、芦荟苦素、氨基酸、维生素、糖分、矿物质、甾醇类化合物、生物酶等营养物质，对细胞的衰老有明显的延缓效果，能减少皱纹的产生。

♣ 材料

芦荟叶 1 片，优酪乳 2 小匙，蜂蜜 1 小匙

✂ 工具

搅拌器，面膜碗，面膜棒

◊ 制作方法

1. 将芦荟洗净去皮，放入搅拌器搅成泥状，盛入面膜碗。
2. 加入蜂蜜和优酪乳。
3. 一起搅拌均匀即可。

✂ 使用方法

将调好的面膜敷于脸上（避开眼部和唇部周围），10~15 分钟后取下，再用冷水洗干净即可。

☺ 各种肤质	⚗ 细致抗老
⏱ 1~2 次/周	❄ 冷藏 7 天

蛋黄营养面膜

维生素 E 是一种很强的抗氧化剂，它可以中断自由基的连锁反应，保护细胞膜的稳定性。蛋黄可滋润皮肤，延缓衰老，可使肌肤滋润光泽。

♣ 材料

鸡蛋 1 个，维生素 E 胶囊 1 粒，清水适量

✂ 工具

面膜碗，面膜棒，剪刀

◊ 制作方法

1. 将鸡蛋磕开，滤取蛋黄放入面膜碗中，加清水充分搅打。
2. 用剪刀将维生素 E 胶囊剪开，把油液倒入蛋黄液中，搅拌均匀即成。

✂ 使用方法

洁面后，取适量面膜均匀地涂在脸上（避开眼部和唇部周围），约 20 分钟后，用温水洗净即可。

☺ 各种肤质	⚗ 润泽抗衰
⏱ 2~3 次/周	❄ 冷藏 1 天

橄榄油柠檬面膜

这款面膜含不饱和脂肪酸、维生素及酚类抗氧化物质，能帮助消除面部皱纹，延缓肌肤衰老。

❧ 材料
鸡蛋1个，柠檬半个，橄榄油1小匙，盐5克

✄ 工具
水果刀，面膜碗，面膜棒

♦ 制作方法
1. 将鸡蛋磕开打散，柠檬切开榨汁，备用。
2. 将蛋液、柠檬汁、盐、橄榄油一同拌匀即成。

| ☺ 各种肤质 | ⚗ 抗老祛皱 |
| 🕐 1~2次/周 | ❄ 冷藏3天 |

板栗蜂蜜面膜

这款面膜含蛋白质、维生素、无机盐等营养元素，能加快肌肤角质层的代谢速度，延缓衰老。

❧ 材料
板栗4颗，蜂蜜1小匙

✄ 工具
面膜碗，面膜棒，锅

♦ 制作方法
1. 将板栗去壳、膜，蒸熟后捣成泥。
2. 将板栗泥倒入面膜碗中，加入蜂蜜，用面膜棒调匀即成。

| ☹ 油性肤质 | ⚗ 祛除皱纹 |
| 🕐 2~3次/周 | ❄ 冷藏3天 |

| ☺ 中性肤质 | ⚗ 紧致抗衰 |
| 🕐 1~2次/周 | ❄ 立即使用 |

玫瑰精油面膜

精油的分子结构小，渗透性极强，它的营养物质能到达肌肤的深层组织，进而增强肌肤弹力纤维和胶原纤维的活性，延缓肌肤衰老。

❧ 材料
玫瑰精油3滴，鸡蛋1个

✄ 工具
面膜碗，面膜棒

♦ 制作方法
1. 将鸡蛋磕开，滤取蛋清入面膜碗，打散。
2. 将玫瑰精油滴入蛋清中，搅拌均匀即成。

深层清洁面膜
Deep Cleanning Mask

软化角质 x 肌肤光洁

　　清洁面膜的主要功能是对整个面部肌肤的清洁保养。这类面膜中含有极为丰富的净化因子，能深层净化肌肤，软化并清除肌肤表面的老废角质，去除肌肤毛孔中的油脂与杂质，改善肌肤油腻、黑头、粉刺等多种问题，迅速恢复肌肤活力，并能促进肌肤的吸收能力，令肌肤清透白皙，水润无瑕。

草莓透亮面膜

草莓含有丰富的维生素 A、维生素 C 及果酸等肌肤营养素，可增强肌肤弹性，具有极佳的洁面、增白、控油及补水保湿功效，能补充肌肤水分，调节肌肤的水油平衡，抑制色素沉着，令肌肤更细腻柔嫩。

😐 各种肤质

🕐 1～3 次 / 周

🥣 补水清洁

❄ 立即使用

 材料
草莓 50 克，白醋 2 小匙

✂ **工具**
磨泥器，面膜碗，面膜棒

💧 **制作方法**
1. 将草莓洗净，研成泥状，置于面膜碗中。

2. 在面膜碗中加入白醋，用面膜棒搅拌均匀即成。

❁ **使用方法**
用温水洁面后，将调好的面膜涂抹在脸上（避开眼部、唇部四周的肌肤），10~15 分钟后用温水洗净即可。

 美丽提示

用草莓制作面膜时，清洗草莓的方法很重要。首先，不要摘去草莓蒂头，将其直接放入水中浸泡 15 分钟，去除残留农药。摘去蒂头，放入盐水中浸泡 5 分钟。最后，用清水冲洗即可。

绿茶芦荟面膜

这款面膜含有芦荟凝胶、儿茶素、茶多酚及维生素 C 等多种美容成分，能深层清洁肌肤，清除老废角质与油脂。

❀ 材料
芦荟叶 1 片，绿茶粉 30 克，蜂蜜 1 小匙

✄ 工具
榨汁机，面膜碗，面膜棒

♦ 制作方法
1. 将芦荟叶去皮洗净，入榨汁机榨取芦荟汁。
2. 将芦荟汁、绿茶粉、蜂蜜一同倒入面膜碗中。
3. 用面膜棒充分搅拌，调和成稀薄适中的糊状即成。

✄ 使用方法
洁面后，将调好的面膜涂抹在脸上（避开眼部、唇部四周的肌肤），10~15 分钟后用温水洗净即可。

😐 各种肤质	🥣 清洁净化
🕐 1~2 次/周	❄ 冷藏 3 天

瓜果清凉面膜

这款面膜含果胶等食物纤维，有收敛毛孔、保持肌肤水油平衡的作用。

❀ 材料
圣女果 3 个，西瓜 80 克，黄瓜 50 克

✄ 工具
锅，榨汁机，面膜碗，面膜棒，面膜纸，水果刀

♦ 制作方法
1. 将圣女果、黄瓜洗净、切块；取西瓜的红色果肉，与圣女果、黄瓜一起放入榨汁机榨汁后置于面膜碗中。
2. 将面膜碗放到温水中，隔水蒸至温热。
3. 在调好的面膜中浸入面膜纸，泡开即成。

✄ 使用方法
洁面后，取出浸泡好的面膜，敷在脸上（避开眼部、唇部四周的肌肤），压平面膜，挤出气泡，静敷 10~15 分钟后用温水洗净即可。

😐 各种肤质	🥣 清洁滋润
🕐 3~5 次/周	❄ 立即使用

红豆蛋黄面膜

这款面膜含多种营养及净化因子，能深层清洁肌肤，清除肌肤毛孔中的污垢与杂质，补充肌肤所需的水分与营养，让肌肤润泽柔嫩。

♣ 材料
西瓜 20 克，红豆 60 克，鸡蛋 1 个

✄ 工具
搅拌器，面膜碗，面膜棒，水果刀

◊ 制作方法
1. 将西瓜果肉切成小块；将红豆提前浸泡一夜。
2. 将西瓜果肉与红豆放入搅拌器中打成泥状。
3. 取鸡蛋黄，与西瓜红豆泥一同倒在面膜碗中，用面膜棒搅拌调匀即成。

✄ 使用方法
洁面后，将调好的面膜涂抹在脸上（避开眼部、唇部四周的肌肤），10~15 分钟后用温水洗净即可。

😐 各种肤质		🥣 补水滋养	
🕐 1~2 次 / 周		❄ 冷藏 3 天	

花粉蛋黄柠檬面膜

这款面膜能深层净化肌肤，有效去除毛孔中的污垢，同时还能补充肌肤细胞更新所需的营养，令肌肤润泽细腻。

♣ 材料
柠檬、鸡蛋各 1 个，月季花花粉、面粉各 10 克

✄ 工具
榨汁机，面膜碗，面膜棒

◊ 制作方法
1. 将柠檬洗净榨汁，倒入面膜碗中。
2. 将鸡蛋磕开，取鸡蛋黄加入面膜碗中，并加入月季花粉、面粉，用面膜棒搅拌均匀即成。

✄ 使用方法
洁面后，将调好的面膜涂抹在脸上（避开眼部、唇部四周的肌肤），10~15 分钟后用温水洗净即可。

😐 各种肤质		🥣 净化清洁	
🕐 1~2 次 / 周		❄ 冷藏 3 天	

香蕉荸荠面膜

这款面膜能软化肌肤，清除肌肤表面的老废角质，充分畅通毛孔。

❧ **材料**
荸荠3个，香蕉半根，橄榄油4小匙

✄ **工具**
磨泥器，面膜碗，面膜棒，水果刀

◐ **制作方法**
1. 将荸荠洗净去皮，香蕉去皮，研磨成泥。
2. 将荸荠泥、香蕉泥和橄榄油一同置于面膜碗中，用面膜棒搅拌均匀即成。

☹ 各种肤质		⚗ 清洁净化	
🕐 1~2次/周		❄ 立即使用	

绿豆白芷蜂蜜面膜

这款面膜含有丰富的净化修复因子，能深层净化肌肤毛孔，令肌肤清透无瑕。

❧ **材料**
绿豆粉30克，白芷粉20克，蜂蜜2小匙，清水适量

✄ **工具**
面膜碗，面膜棒

◐ **制作方法**
1. 将绿豆粉、白芷粉一同倒在面膜碗中。
2. 加入蜂蜜和清水，用面膜棒充分搅拌，调和成稀薄适中的面膜糊状即成。

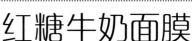

☹ 各种肤质		⚗ 深层清洁	
🕐 1~2次/周		❄ 冷藏3天	

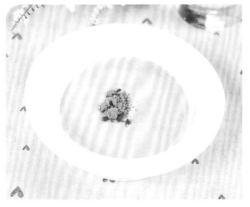

红糖牛奶面膜

这款面膜具有极佳的去角质功效，帮助彻底净化肌肤，软化角质。

❧ **材料**
红糖50克，鲜牛奶3大匙，开水适量

✄ **工具**
面膜碗，面膜棒

◐ **制作方法**
1. 将红糖加入开水，搅拌至溶化，放凉。
2. 将放凉的糖水倒入面膜碗中，加入鲜牛奶，用面膜棒搅拌均匀即成。

☹ 各种肤质		⚗ 去除角质	
🕐 1~2次/周		❄ 冷藏3天	

混合果汁面膜

　　这款面膜能深层清洁肌肤，并补充肌肤所需的水分，令肌肤更滋润。

🍀 材料

苹果、梨各 1 个，蜂蜜 2 小匙

✂ 工具

榨汁机，面膜碗，面膜棒，面膜纸，水果刀

💧 制作方法

1. 将苹果、梨去皮，洗净后榨汁，置于面膜碗中。
2. 在面膜碗中加入蜂蜜，适当搅拌。
3. 在调好的面膜中浸入面膜纸，泡开即成。

😐 各种肤质	🥣 清洁保湿
🕐 1～3 次 / 周	❄ 冷藏 1 天

银耳爽肤面膜

　　这款面膜能深层清洁肌肤，调节肌肤表面的水油平衡，令肌肤变得润泽清透。

🍀 材料

银耳 20 克，苹果醋 2 小匙，水适量

✂ 工具

锅，纱布，面膜碗，面膜棒，面膜纸

💧 制作方法

1. 将银耳泡发，加水煮稠，用纱布滤水，晾凉。
2. 在碗中加入银耳水、苹果醋，充分搅拌。
3. 在调好的面膜中浸入面膜纸，泡开即成。

😐 各种肤质	🥣 滋润清洁
🕐 2～3 次 / 周	❄ 冷藏 3 天

洗米水面膜

　　这款面膜能有效清洁肌肤，控制多余油脂分泌，令肌肤更光泽水润。

🍀 材料

大米 50 克

✂ 工具

面膜碗，面膜棒，面膜纸

💧 制作方法

1. 将大米用清水淘洗 1~2 遍。
2. 取洗米水倒入面膜碗，静置 5 小时。
3. 在拌匀的洗米水中浸入面膜纸，泡开即成。

😐 各种肤质	🥣 控油清洁
🕐 2～3 次 / 周	❄ 立即使用

蛋清米醋面膜

这款面膜含丰富的葡萄酸、氨基酸、甘油等美容成分，能有效清洁肌肤，防止色斑形成。

♣ 材料

鸡蛋1个，米醋2小匙

✖ 工具

面膜碗，面膜棒

♦ 制作方法

1. 将鸡蛋磕开，取鸡蛋清，置于面膜碗中。
2. 在面膜碗中加入米醋，用面膜棒搅拌均匀即成。

✖ 使用方法

洁面后，将调好的面膜涂抹在脸上（避开眼部、唇部四周的肌肤），10~15分钟后用温水洗净即可。

☺ 各种肤质		⊌ 清洁淡斑	
⏱ 1~2次/周		❄ 冷藏2天	

蛋黄清洁面膜

这款面膜具有排毒、洁面、滋润的功效，它含有橄榄油、蜂蜜等天然成分，能清洁毛孔，排除毒素，令肌肤清透光洁。

♣ 材料

鸡蛋1个，蜂蜜、橄榄油各2小匙

✖ 工具

面膜碗，面膜棒

♦ 制作方法

1. 将鸡蛋磕开，取鸡蛋黄，置于面膜碗中。
2. 在面膜碗中加入蜂蜜、橄榄油，用面膜棒拌均匀即成。

✖ 使用方法

洁面后，将调好的面膜涂抹在脸上（避开眼部、唇部四周的肌肤），10~15分钟后用温水洗净即可。

☺ 各种肤质		⊌ 清洁排毒	
⏱ 1~2次/周		❄ 冷藏3天	

柠檬蛋黄洁肤面膜

这款面膜由柠檬、鸡蛋等材料制成，含有丰富的美肤元素，能清洁毛孔中的污垢，去除肌肤表面的多余角质。

🍀 材料

柠檬、鸡蛋各1个，奶粉15克

🔪 工具

榨汁机，面膜碗，面膜棒，水果刀

💧 制作方法

1. 将柠檬洗净切片，放入榨汁机中榨取汁液，倒入面膜碗中。
2. 取鸡蛋黄，与柠檬汁、奶粉一同倒入面膜碗中，用面膜棒搅拌均匀即成。

✂ 使用方法

洁面后，将调好的面膜涂抹在脸上（避开眼部、唇部四周的肌肤），10~15分钟后用温水洗净即可。

😊 各种肤质	🥣 净化清洁
🕐 1～3次/周	❄ 冷藏1天

蛋清食盐面膜

这款面膜含蛋氨酸、磷等，可活化面部细胞组织，深层清洁；盐能消炎、杀菌、去除多余的油脂和角质，收敛粗大毛孔。

🍀 材料

鸡蛋1个，盐5克

🔪 工具

面膜碗，面膜棒

💧 制作方法

1. 将鸡蛋磕开，滤取蛋清放入面膜碗中。
2. 在面膜碗中加入盐，用面膜棒搅拌均匀即成。

✂ 使用方法

洁面后，将调好的面膜涂抹在脸上（避开眼部、唇部四周的肌肤），10~15分钟后用温水洗净即可。

😞 油性肤质	🥣 深层清洁
🕐 1～2次/周	❄ 冷藏3天

山楂猕猴桃面膜

　　这款面膜能及时补充肌肤所需要的水分，并净化肌肤，令肌肤清透水润。

❀ 材料
山楂 3 个，猕猴桃 1 个

✄ 工具
搅拌器，面膜碗，面膜棒

● 制作方法
1. 将山楂洗净去核后入搅拌器打成泥状，备用。
2. 将猕猴桃去皮，搅拌成泥。
3. 将猕猴桃泥与山楂泥混合，用面膜棒拌均匀。

😐 各种肤质	🥣 净化补水
🕐 1~3 次/周	❄️ 立即使用

胡萝卜玉米粉面膜

　　这款面膜富含胡萝卜素和清洁颗粒，能温和去除角质，深层洁净肌肤。

❀ 材料
胡萝卜半根，玉米粉 10 克

✄ 工具
搅拌器，面膜碗，面膜棒，水果刀

● 制作方法
1. 将胡萝卜洗净去皮，放入搅拌器搅打成泥。
2. 将胡萝卜泥倒入面膜碗中，加入玉米粉，用面膜棒调成糊状即成。

😐 各种肤质	🥣 净化肌肤
🕐 1~2 次/周	❄️ 冷藏 3 天

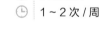

😐 各种肤质	🥣 深层净化
🕐 1~2 次/周	❄️ 冷藏 3 天

芦荟豆腐面膜

　　这款面膜能深层洁净肌肤，清除老废角质，改善皮肤油腻状态，令毛细孔畅通，改善痘痘肌肤。

❀ 材料
芦荟叶 1 片，豆腐 50 克，蜂蜜适量

✄ 工具
磨泥器，面膜碗，面膜棒，水果刀

● 制作方法
1. 将芦荟去皮切块，将豆腐洗净，一同捣成泥。
2. 将芦荟豆腐泥、蜂蜜一同倒入面膜碗中，用面膜棒调和均匀即成。

芹菜柚子面膜

这款面膜能有效清除肌肤毛孔中多余的油脂，帮助清洁、净化、滋润肌肤，并能淡化疤痕，令肌肤润泽无瑕。

❀ 材料

芹菜 100 克，柚子 50 克

✄ 工具

搅拌器，面膜碗，面膜棒，水果刀

◈ 制作方法

1. 将芹菜洗净，切段；柚子去皮、籽，取果肉。
2. 将芹菜、柚子搅拌成泥状，倒入面膜碗中，用面膜棒拌匀即成。

✄ 使用方法

洁面后，将调好的面膜涂抹在脸上（避开眼部、唇部四周的肌肤），10~15 分钟后用温水洗净，用面膜棒拌匀即可。

😐 油性 / 混合性		🥣 清洁保湿	
🕐 2 ~ 3 次 / 周		❄ 冷藏 1 天	

白芷甘菊面膜

这款面膜富含白芷素、甜菊苷及多种微量元素，具有清洁皮肤、活血祛斑、抗菌美容等多重美容功效。

❀ 材料

白芷粉 12 克，甘菊花粉 6 克，食盐 2 克，白醋 1 小匙，纯净水适量

✄ 工具

面膜碗，面膜棒

◈ 制作方法

1. 将食盐与纯净水倒入面膜碗中，搅拌至食盐完全溶解。
2. 加入白芷粉、甘菊花粉及白醋。
3. 用面膜棒充分搅拌，调和成糊状即成。

✄ 使用方法

洁面后，将调好的面膜涂抹在脸上（避开眼部、唇部四周的肌肤），10~15 分钟后用温水洗净即可。

😐 各种肤质		🥣 清洁活血	
🕐 1 ~ 3 次 / 周		❄ 冷藏 3 天	

菠萝苹果面膜

这款面膜含有丰富的维生素、亚油酸及果酸等有效成分，能深层净化肌肤。

♣ 材料
苹果1个，菠萝肉1块，燕麦粉20克

✘ 工具
搅拌器，面膜碗，面膜棒，水果刀

♦ 制作方法
1. 将苹果、菠萝肉分别洗净切块，搅拌成泥。
2. 将果泥、燕麦粉倒入面膜碗中。
3. 用面膜棒搅拌均匀即成。

😊 各种肤质　　🥣 清洁净化
🕐 1~2次/周　　❄ 冷藏3天

苹果柠檬面膜

这款面膜含有丰富的维生素C、柠檬果酸等营养素，能深层清洁肌肤。

♣ 材料
青苹果1个，柠檬1个、蜂蜜2小匙、面粉10克

✘ 工具
搅拌器，榨汁机，面膜碗，面膜棒，水果刀

♦ 制作方法
1. 将青苹果洗净切块，搅拌成泥；柠檬榨汁。
2. 将苹果泥、柠檬汁、蜂蜜、面粉倒入面膜碗中，用面膜棒搅拌调匀即成。

😊 各种肤质　　🥣 去除角质
🕐 1~2次/周　　❄ 冷藏2天

柠檬燕麦面膜

这款面膜能清除肌肤表面的老废角质，去除肌肤毛孔中多余的油脂与杂质。

♣ 材料
柠檬1个，燕麦粉60克

✘ 工具
面膜碗，面膜棒，水果刀

♦ 制作方法
1. 将柠檬洗净切开，挤汁待用。
2. 将柠檬汁、燕麦粉倒入面膜碗中。
3. 用面膜棒搅拌调匀即成。

😊 各种肤质　　🥣 清洁净化
🕐 2~3次/周　　❄ 冷藏2天

黄瓜芦荟面膜

　　这款面膜含有皂素苷、矿物质和多种氨基酸，可杀毒消菌，芦荟与黄瓜搭配可促进肌肤摄取更多营养，使肌肤更加滑嫩。

❀ 材料
黄瓜 50 克，
芦荟 30 克

✄ 工具
搅拌器，面膜碗，
面膜棒，水果刀

◉ 制作方法
将黄瓜、芦荟洗净，切块，一起放入搅拌器中搅成泥，盛入面膜碗中，用面膜棒调匀即可。

✄ 使用方法
洁面后，将调好的面膜涂抹在脸上（避开眼部、唇部四周的肌肤），10~15 分钟后用温水洗净即可。

☺ 各种肤质		🥣 补水清洁
🕐 1~2 次 / 周		❄ 冷藏 5 天

柠檬白酒面膜

　　这款面膜可有效清洁肌肤毛孔，消除并预防色素沉着。配合鸡蛋、奶粉、白酒敷用，能让肌肤更清爽细致。

❀ 材料
柠檬 1 个，鸡蛋 1 个，脱脂奶粉 15 克，白酒 2 小匙

✄ 工具
榨汁机，面膜碗，面膜棒，水果刀

◉ 制作方法
1. 将柠檬洗净，切片榨汁，倒入面膜碗中。
2. 加入鸡蛋、脱脂奶粉、白酒，用面膜棒搅拌均匀即成。

✄ 使用方法
洁面后，将调好的面膜涂抹在脸上（避开眼部、唇部四周的肌肤），10~15 分钟后用温水洗净即可。

☺ 各种肤质		🥣 清洁净化
🕐 1~2 次 / 周		❄ 冷藏 3 天

芹菜泥面膜

这款面膜能补充肌肤所需的水分，同时能清洁毛孔中的杂质，令肌肤自然清透。

♣ 材料
芹菜 100 克

✂ 工具
榨汁机，纱布，面膜碗，水果刀

♦ 制作方法
1. 将芹菜洗净切段，入榨汁机榨取汁液，倒入面膜碗中，适当搅拌。
2. 用纱布滤去汁水即成。

☺ 油性 / 混合性　⚗ 保湿清洁
🕐 2 ~ 3 次 / 周　❄ 立即使用

佛手瓜泥面膜

这款面膜能清洁肌肤中多余的油脂和杂质，并具有一定的收敛效果，令肌肤紧致光洁。

♣ 材料
佛手瓜 100 克

✂ 工具
榨汁机，纱布，面膜碗，面膜棒，水果刀

♦ 制作方法
1. 将佛手瓜洗净，切片，入榨汁机榨汁。
2. 用纱布滤去汁水，将佛手瓜泥置于面膜碗中，用面膜棒适当搅拌即成。

☺ 各种肤质　⚗ 清洁收敛
🕐 1 ~ 2 次 / 周　❄ 立即使用

莴笋片面膜

这款面膜能清洁肌肤油脂，有效保养肌肤，同时为肌肤补充水分。

♣ 材料
莴笋 50 克

✂ 工具
水果刀，面膜碗

♦ 制作方法
1. 将莴笋取茎部，去皮洗净。
2. 切成薄片，置于面膜碗中，敷于脸部肌肤即成。

☺ 各种肤质　⚗ 补水清洁
🕐 2 ~ 3 次 / 周　❄ 立即使用

芒果牛奶洁净面膜

芒果含碳水化合物、维生素 A、维生素 B1、维生素 B2、维生素 C、维生素 E、铁、钠、钙、磷、纤维素、蛋白质等多种成分，能有效地激发肌肤细胞的活力，促进肌肤的新陈代谢，帮助肌肤重现光彩。

 各种肤质
 1~2次/周
 清洁滋养
❄ 立即使用

♣ **材料**
芒果 1 个，鲜牛奶 3 小匙

✄ **工具**
搅拌器，面膜碗，面膜棒，水果刀

◊ **制作方法**
1. 将芒果去皮、去核，放入搅拌器中打成泥状。
2. 将芒果泥与鲜牛奶放入面膜碗中，用面膜棒搅拌均匀即成。

✄ **使用方法**
洁面后，将调好的面膜涂抹在脸上（避开眼部、唇部四周的肌肤），10~15 分钟后用温水洗净即可。

美丽提示

芒果可以直接食用，也可榨汁，芒果汁有排毒美白、去除黑头的作用。将芒果榨汁，加入适量的蜂蜜或者白糖，用开水冲饮，长期坚持饮用亦可起到美白作用。但是过敏体质及皮肤病患者应慎吃芒果，吃完后要及时清洗掉残留在嘴唇周围皮肤上的芒果汁。

蜂蜜杏仁面膜

这款面膜含丰富的净化及滋养元素，能加快肌肤新陈代谢，帮助活化肌肤，改善肌肤痘痘、粉刺等状况，令肌肤细腻清透。

🍀 **材料**
蜂蜜、杏仁粉各 10 克，酸奶 2 小匙，纯净水适量

✂ **工具**
搅拌器，面膜碗，面膜棒

💧 **制作方法**
1. 将蜂蜜、杏仁粉、酸奶一同放入面膜碗中。
2. 加适量纯净水，用面膜棒搅拌均匀即成。

☹ 各种肤质	🥄 清洁祛痘
🕐 1～3 次 / 周	❄ 冷藏 3 天

小苏打牛奶面膜

这款面膜能令肌肤毛孔张开，有效去除多余油脂，令肌肤变得清透、洁净。

🍀 **材料**
鲜牛奶 2 小匙、小苏打 10 克

✂ **工具**
面膜碗，面膜棒，面膜纸

💧 **制作方法**
1. 在面膜碗中加入牛奶、小苏打，用面膜棒搅拌均匀。
2. 浸入面膜纸，泡开即成。

☹ 各种肤质	🥄 清洁净颜
🕐 1～3 次 / 周	❄ 冷藏 3 天

☹ 各种肤质	🥄 清洁美白
🕐 1～3 次 / 周	❄ 冷藏 1 天

酵母牛奶面膜

这款面膜含有极佳的美白因子，能深层清洁肌肤，改善肌肤暗沉，令肌肤更清透。

🍀 **材料**
干酵母 15 克，鲜牛奶 3 大匙

✂ **工具**
微波炉，面膜碗，面膜棒

💧 **制作方法**
1. 将牛奶入微波炉加热，置于面膜碗中。
2. 在碗中加入干酵母，用面膜棒搅拌均匀即可。

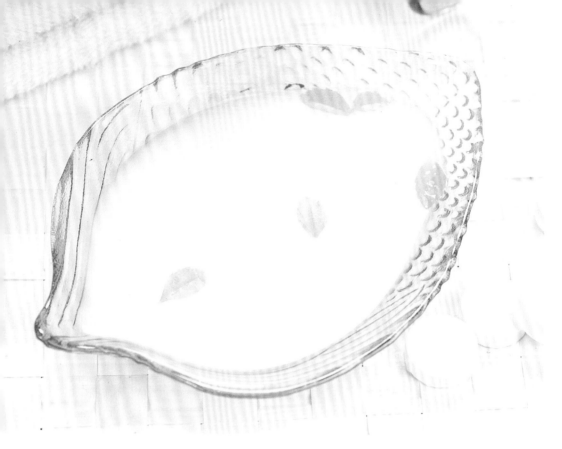

薄荷牛奶面膜

薄荷性寒、味辛，具有独特的清凉感及渗透能力，对皮肤有舒缓镇静的效果，同时还能排除肌肤中的毒素，深层清洁肌肤毛孔，改善黑头、粉刺等多种肌肤问题，令肌肤柔嫩清透。

😐 各种肤质
🕐 2~3次/周
🍲 清洁祛痘
❄️ 冷藏3天

🌿 **材料**
鲜牛奶2小匙，薄荷叶3克，水适量

✂️ **工具**
锅，纱布，面膜碗，面膜棒，面膜纸

💧 **制作方法**
1. 将薄荷叶入锅加水煮，用纱布滤水，置于面膜碗中。

2. 在面膜碗中加入鲜牛奶，用面膜棒搅拌均匀。
3. 在调好的面膜中浸入面膜纸，泡开即成。

❌ **使用方法**
洁面后，将浸泡好的面膜取出敷在脸上，挤出气泡，压平面膜，静待10~15分钟后取下面膜，用温水洗净即可。

美丽提示

该款面膜适用于各种类型的肌肤，但为避免肌肤的不适反应，在敷用前最好进行肌肤的敏感测试，确定不过敏后方可使用；在敷用过程中和敷用之后，则应尽量避光，以免影响面膜的功效。

红豆酸奶面膜

这款面膜中红豆粉的细微颗粒能充分渗透至肌肤底层，深层清除毛孔中的污垢，并能起到按摩肌肤的作用，令肌肤白里透红，洁白无瑕。

♣ 材料
红豆粉 100 克，纯酸奶、纯净水各适量

✄ 工具
面膜碗，面膜棒

◆ 制作方法
1. 将红豆粉、纯酸奶倒入面膜碗中，用面膜棒搅拌均匀。
2. 加适量水，调和成易于敷用的糊状即成。

✄ 使用方法
洁面后，将调好的面膜涂抹在脸上（避开眼部、唇部四周的肌肤），10~15 分钟后用温水洗净即可。

😐 各种肤质	🥣 清洁美白
⏱ 2~3 次 / 周	❄ 冷藏 3 天

牛奶精油面膜

这款面膜可以清洁面部的污垢、疏通阻塞的毛孔，收缩微血管，还可柔化肌肤，对清除黑头和粉刺也极具效果。

♣ 材料
鲜牛奶 1 大匙，面粉 20 克，薄荷精油 1 滴

✄ 工具
面膜碗，面膜棒

◆ 制作方法
1. 将牛奶与面粉放入面膜碗中，搅成糊状。
2. 滴入薄荷精油并用面膜棒充分搅拌即成。

✄ 使用方法
洁面后，将调好的面膜涂抹在脸上（避开眼部、唇部四周的肌肤），10~15 分钟后用温水洗净即可。

😐 油性肤质	🥣 清洁滋润
⏱ 1~2 次 / 周	❄ 立即使用

甘草白芷绿豆面膜

　　这款面膜含有丰富的氨基酸、维生素、甘草甜素、甘露醇、挥发油等净化修复因子，能深层净化肌肤毛孔，帮助排除肌肤中的毒素，修复受损细胞，调节肌表的水油平衡，有效改善肌肤油腻问题，令肌肤变得清透无瑕。

 油性肤质

 1～2次/周

清洁排毒

❄ 冷藏3天

 材料
绿豆粉30克，白芷粉、甘草粉、面粉各10克，清水适量

✖ **工具**
面膜碗，面膜棒

 制作方法
1. 将绿豆粉、白芷粉、甘草粉、面粉一同倒在面膜碗中。

2. 加入适量清水，用面膜棒充分搅拌，调和成易于敷用的糊状即可。

✖ **使用方法**
洁面后，将面膜涂在脸上（避开眼、唇部四周肌肤），10～15分钟后用清水洗净即可。

美丽提示

　　甘草在这款面膜中扮演的角色是一种辅助剂，它能产生增效作用，同时也具有很好的解毒功能，因为其含有将近12%的甘草酸铵，对肌肤而言是一种很好的抗炎舒缓成分，并能中和或解除肌肤中的有毒物质，发挥美白护肤的功效。

菠萝木瓜面膜

这款面膜能促进肌肤的新陈代谢,加快角质更新速度,令肌肤变得清透细腻。

♣ **材料**
木瓜 1/4 个,菠萝肉 20 克,糯米粉 40 克,清水适量

✖ **工具**
搅拌器,面膜碗,面膜棒,水果刀

◍ **制作方法**
1. 将木瓜洗净,去皮、籽,与菠萝肉搅拌成泥。
2. 将果泥、糯米粉一同倒入面膜碗中,加入适量清水,搅拌调匀即成。

| 各种肤质 | 清洁排毒 |
| 1~2 次 / 周 | 冷藏 3 天 |

柠檬维生素 E 面膜

这款面膜可分解皮肤的老化角质,去除表皮坏死细胞,深层清洁皮肤。

♣ **材料**
酸牛奶 1 大匙,蜂蜜 2 小匙,柠檬 1 个,维生素 E 5 粒

✖ **工具**
榨汁机,面膜棒,面膜碗,水果刀

◍ **制作方法**
将柠檬洗净切块榨汁,加入酸牛奶、蜂蜜、维生素 E 油调匀即成。

| 各种肤质 | 清洁美白 |
| 1~2 次 / 周 | 冷藏 3 天 |

| 混合性肤质 | 深层清洁 |
| 1~3 次 / 周 | 冷藏 3 天 |

牛奶白糖面膜

这款面膜是极佳的天然去角质面膜,能深层清洁净化、美白肌肤,改善肌肤的暗沉状态。

♣ **材料**
鲜牛奶 4 小匙,白糖 10 克

✖ **工具**
微波炉,面膜碗,面膜棒,面膜纸

◍ **制作方法**
1. 鲜牛奶入微波炉加热,置于面膜碗中,加入白糖,用面膜棒搅拌均匀。
2. 在鲜牛奶中浸入面膜纸,泡开即成。

137

红酒蛋黄面膜

这款面膜能深层洁净肌肤，软化并清除肌肤表面的老废角质，帮助净化、柔嫩肌肤，令肌肤变得清透、白皙。

❧ 材料
红酒 3 大匙，鸡蛋 1 个，酵母粉 10 克，面粉 30 克

✄ 工具
面膜碗，面膜棒

● 制作方法
1. 将鸡蛋磕开，滤取蛋黄，打至散状。
2. 将蛋黄液、酵母粉、面粉和红酒一同倒在面膜碗中，用面膜棒充分搅拌均匀即成。

✄ 使用方法
洁面后，将调好的面膜涂抹在脸上（避开眼部、唇部四周的肌肤），10~15 分钟后用温水洗净即可。

😐 各种肤质		🥣 深层清洁	
🕐 1~3 次 / 周		❄ 冷藏 3 天	

蛋清清洁面膜

这款面膜含有丰富的营养成分，对角质层的新陈代谢有好处。蛋清中的脂肪有黏着性，可使干燥的皮肤柔润有光泽。

❧ 材料
鸡蛋 1 个，水适量

✄ 工具
锅，磨泥器，面膜碗

● 制作方法
1. 将鸡蛋用水煮熟，捞出。
2. 去壳，取蛋清磨成小碎粒，置于面膜碗中即成。

✄ 使用方法
洁面后，将调好的面膜涂抹在脸上（避开眼部、唇部四周的肌肤），10~15 分钟后用温水洗净即可。

😐 各种肤质		🥣 深层清洁	
🕐 1~3 次 / 周		❄ 冷藏 3 天	

白醋粗盐面膜

这款面膜可深层清洁肌肤，有效去除鼻子上的黑头和死皮，使皮肤润泽、光滑。

🍀 材料

盐5克，白醋2小匙，水适量

✄ 工具

锅，面膜碗，面膜棒，面膜纸

💧 制作方法

1. 将水烧开，将盐、白醋放入滚开水中，充分搅拌到盐全部溶解。
2. 浸入面膜纸，泡开即成。

	油性肤质		清洁排毒
🕐	1~2次/周	❄	立即使用

绿豆白芷奶酪面膜

这款面膜能促进肌肤新陈代谢，清除肌表老废角质，改善痘印问题。

🍀 材料

绿豆粉30克，白芷粉20克，奶酪、水各适量

✄ 工具

面膜碗，面膜棒

💧 制作方法

1. 将绿豆粉、白芷粉、奶酪倒入面膜碗中。
2. 加入适量清水，用面膜棒充分搅拌，调成均匀的糊状即成。

	各种肤质		清洁净化
🕐	1~3次/周	❄	冷藏5天

番茄燕麦面膜

这款面膜含维生素C和番茄红素，能清洁肌肤，令肌肤变得清透润泽。

🍀 材料

番茄1个，鸡蛋1个，燕麦粉30克

✄ 工具

榨汁机，面膜碗，面膜棒

💧 制作方法

1. 将番茄洗净榨汁；鸡蛋磕开，滤取蛋清。
2. 将番茄汁、蛋清、燕麦粉放入面膜碗中，用面膜棒拌匀即成。

	各种肤质		清洁净化
🕐	1~2次/周	❄	冷藏3天

06

瘦脸紧肤面膜
Face-lift and Firming Mask

紧肤消脂 x 精致面容

　　瘦脸紧肤面膜从功效上可以分为两种，一种是通过燃烧脂肪来紧致肌肤，另一种是通过去除肌肤多余的水分、消除水肿来达到瘦脸紧致的效果。但是，不管是偏向于哪一种，这类面膜都具有净化因子，能深层洁净肌肤，溶解并清除毛孔中堆积的油脂，同时能为肌肤弹性纤维提供营养，提升毛孔收缩力，紧致肌肤。

大蒜绿豆面膜

　　这款面膜含有叶酸及大蒜素等美肤成分，能深层净化肌肤，去除肌表老废角质以及毛孔中的毒素、油污，使肌肤毛孔畅通，促进肌肤对氧气和营养的吸收，从而有效收紧肌肤细胞，增强肌肤弹性，改善毛孔粗大、粗糙等多种肌肤问题，令肌肤变得清透紧致。

 各种肤质

 2~3次/周

净化紧致

冷藏5天

🍀 **材料**
绿豆粉30克，大蒜3瓣，纯净水适量

🔪 **工具**
磨泥器，面膜碗，面膜棒

🥄 **制作方法**
1. 将大蒜去皮，切块，放入磨泥器中磨成泥。

2. 将绿豆粉、大蒜泥、纯净水倒入面膜碗中。
3. 用面膜棒充分搅拌，调和成糊状即成。

✂ **使用方法**
洁面后，将调好的面膜涂抹在脸上（避开眼部、唇部四周的肌肤），10~15分钟后用温水洗净即可。

 美丽提示

　　绿豆富含维生素、胡萝卜素、叶酸及氨基酸等因子，具有卓越的抗自由基、抗氧化、美白清热和控油祛痘功效，不但可深层清洁肌肤，抵抗肌肤过早老化，同时还能淡化肌肤色斑，抑制痘痘生成，帮助改善多种肌肤问题，令肌肤白皙无瑕，清透水嫩。

红薯泥面膜

　　这款面膜能软化并清除肌肤表面的老废角质，有效改善面部粗糙问题，帮助瘦脸，并令肌肤变得清透紧致。

❀ 材料

红薯 1 个

✄ 工具

锅，面膜碗，面膜棒，水果刀

◐ 制作方法

1. 将红薯洗净，去皮切块，入锅蒸至熟软，取出放至温热。
2. 将温热的红薯放入面膜碗中，用面膜棒捣成泥状即成。

✄ 使用方法

洁面后，将调好的面膜涂抹在脸上（避开眼部、唇部四周的肌肤），10~15 分钟后用温水洗净即可。

☺ 各种肤质	🥄 紧致瘦脸
⏱ 3~5 次 / 周	❄ 冷藏 5 天

蛋黄橄榄油面膜

　　这款面膜含有丰富的脂溶性维生素、不饱和脂肪酸，能滋润、紧致肌肤，可谓是最简单有效的护肤用品。

❀ 材料

鸡蛋 1 个，橄榄油 2 小匙

✄ 工具

面膜碗，面膜棒

◐ 制作方法

1. 将鸡蛋磕开，取蛋黄，适当搅拌。
2. 将橄榄油、蛋黄汁液倒入面膜碗中，用面膜棒搅拌均匀即成。

✄ 使用方法

洁面后，将调好的面膜涂抹在脸上（避开眼部、唇部四周的肌肤），10~15 分钟后用温水洗净即可。

☺ 干性肤质	🥄 紧致瘦脸
⏱ 3~5 次 / 周	❄ 冷藏 3 天

薏米粉黄瓜面膜

这款面膜性质温和，营养丰富，是纯天然的美容良方，能够有效促进肌肤的新陈代谢，消除水肿。

❀ 材料

黄瓜 1 根，薏米粉 10 克，纯净水适量

✄ 工具

搅拌器，面膜碗，面膜棒，水果刀

◐ 制作方法

1. 将黄瓜洗净切块，放入搅拌器打成泥状。
2. 将黄瓜泥、薏米粉放入面膜碗中，加入适量纯净水，用面膜棒搅拌均匀即成。

✄ 使用方法

洁面后，将调好的面膜涂抹在脸上（避开眼部、唇部四周的肌肤），10~15 分钟后用温水洗净即可。

😐 各种肤质		🥣 利水消肿	
🕐 1~2 次/周		❄ 冷藏 3 天	

苏打水面膜

这款面膜中的营养成分能渗透到皮下，进入细胞内液和外液，让细胞变得通透有活力，从而起到帮助肌肤收敛的功效。

❀ 材料

苏打粉 20 克，热水 2 小匙

✄ 工具

面膜碗，面膜棒，面膜纸

◐ 制作方法

1. 将苏打粉倒入面膜碗中，加入热水，用面膜棒充分搅拌至苏打粉全部溶解。
2. 将面膜纸浸入面膜碗，泡开即成。

✄ 使用方法

洁面后，取出浸泡好的面膜纸，敷在脸上（避开眼部、唇部四周的肌肤），压平，静敷 10~15 分钟后揭去面膜纸，用温水洗净即可。

😐 各种肤质		🥣 收敛瘦脸	
🕐 1~2 次/周		❄ 立即使用	

酸奶面粉红酒面膜

这款面膜含有大量乳酸，能使肌肤柔嫩、细腻，还可收敛毛孔。

❀ 材料
酸奶 2 大匙，面粉 15 克，红酒适量

✄ 工具
面膜碗，面膜棒

● 制作方法
1. 将酸奶、红酒、面粉倒入面膜碗中。
2. 用面膜棒搅拌均匀即成。

☺ 各种肤质　　🥣 紧致瘦脸
🕐 1～2 次 / 周　　❄ 冷藏 3 天

猕猴桃双粉面膜

这款面膜能促进肌肤的新陈代谢，有效改善肌肤浮肿现象，令肌肤紧致细腻。

❀ 材料
猕猴桃 1 个，绿豆粉、玉米粉各 20 克

✄ 工具
搅拌器，面膜碗，面膜棒

● 制作方法
1. 将猕猴桃洗净去皮，入搅拌器打成泥。
2. 将猕猴桃泥、绿豆粉、玉米粉倒入面膜碗中，加适量水，用面膜棒搅拌均匀即成。

☺ 各种肤质　　🥣 紧致瘦脸
🕐 1～3 次 / 周　　❄ 冷藏 5 天

绿茶紧肤面膜

这款面膜能使肌肤紧实有弹性。绿茶有消炎去肿的作用，利用绿茶美容方便又经济。

❀ 材料
绿茶粉 30 克，鸡蛋 1 个，面粉 50 克

✄ 工具
面膜碗，面膜棒

● 制作方法
1. 将鸡蛋磕开，取蛋黄，放入面膜碗中。
2. 在面膜碗中加入面粉、绿茶粉，用面膜棒搅拌均匀即成。

☺ 各种肤质　　🥣 紧致肌肤
🕐 1～2 次 / 周　　❄ 冷藏 3 天

柳橙维 E 面膜

这款面膜能增加皮肤弹性、保持皮肤湿润、防止皱纹产生。柳橙含维生素 C，具有一定的淡斑、除皱、紧实肌肤的效果。

❧ 材料
维生素 E1 粒，柳橙汁 4 小匙，面粉 10 克

✄ 工具
面膜碗，面膜棒

● 制作方法
1. 维生素 E 胶囊用针戳破挤出汁，倒入面膜碗中。
2. 加入柳橙汁、面粉，用面膜棒拌匀即成。

✄ 使用方法
洁面后，将调好的面膜涂抹在脸上（避开眼部、唇部四周的肌肤），10~15 分钟后用温水洗净即可。

☹ 各种肤质	⚗ 滋润紧肤
⏱ 1～2 次 / 周	❄ 冷藏 3 天

苦瓜消脂面膜

苦瓜含有一种减肥特效成分——高能清脂素精华，能使肌肤细胞摄取的脂肪和多糖减少 40%~60%，可消脂瘦脸。

❧ 材料
苦瓜 100 克

✄ 工具
搅拌器，面膜碗，面膜棒，水果刀

● 制作方法
1. 将苦瓜洗净切块，放入搅拌器中搅拌成泥。
2. 倒入面膜碗中，用面膜棒适当搅拌即成。

✄ 使用方法
洁面后，将调好的面膜涂抹在脸上（避开眼部、唇部四周的肌肤），10~15 分钟后用温水洗净即可。

☹ 各种肤质	消脂瘦脸
⏱ 1～2 次 / 周	冷藏 3 天

咖啡蛋清杏仁面膜

这款面膜含有丰富的燃脂消肿因子，同时含有紧致肌肤的成分，能有效消除肌肤中多余的油脂，起到良好的燃脂瘦脸作用。

♣ 材料
鸡蛋1个，咖啡5克，杏仁粉、面粉各15克，纯净水适量

✖ 工具
面膜碗，面膜棒

◑ 制作方法
1. 将鸡蛋磕开，取鸡蛋清，置于面膜碗中。
2. 将咖啡、杏仁粉、面粉一同倒入面膜碗中，加适量纯净水，用面膜棒搅拌均匀即成。

✖ 使用方法
洁面后，将调好的面膜涂抹在脸上（避开眼部、唇部四周的肌肤），10~15分钟后用温水洗净即可。

☺ 各种肤质	⚗ 紧致瘦脸
🕐 1~2次/周	❄ 冷藏3天

薏米冬瓜仁面膜

这款面膜含蛋白质、甘露醇、葫芦素 β 等营养素，能够加速肌肤新陈代谢，去除脸部多余的水分，帮助紧致肌肤。

♣ 材料
薏米粉30克，冬瓜仁粉20克，纯净水适量

✖ 工具
面膜碗，面膜棒

◑ 制作方法
1. 将薏米粉、冬瓜仁粉一同倒入面膜碗中。
2. 加入适量纯净水。
3. 用面膜棒充分搅拌，调成均匀的糊状即成。

✖ 使用方法
洁面后，将调好的面膜涂抹在脸上（避开眼部、唇部四周的肌肤），10~15分钟后用温水洗净即可。

☺ 各种肤质	⚗ 消肿瘦脸
🕐 1~2次/周	❄ 冷藏5天

红茶去脂面膜

　　茶叶的一些有效成分会减掉脸部多余的脂肪。红茶中的茶多酚含有抗衰老成分，经常使用有助于平复面部细纹，并令皮肤变得滋润；与面粉一起使用，可起到去脂瘦脸、对抗衰老的功效。

 各种肤质

🕐 1~2次/周

👄 燃脂瘦脸

❄ 冷藏3天

🍀 **材料**
红茶叶10克，面粉20克

🎀 **工具**
锅，纱布，面膜碗，面膜棒

💧 **制作方法**
1. 将红茶叶入锅，加水煎煮，滤取茶水入面膜碗。

2. 在面膜碗中加入面粉，用面膜棒搅拌均匀即成。

✂ **使用方法**
用温水洁面后，将调好的面膜涂抹在脸上（避开眼部、唇部四周的肌肤），10~15分钟后用温水洗净即可。

美丽提示

　　红茶不仅是美容佳品，还是养胃良方。红茶是经过发酵烘制而成的，茶多酚在氧化酶的作用下发生酶促氧化反应，含量减少，对胃部的刺激性也就随之减小了。经常饮用加糖或加牛奶的红茶，能保护胃黏膜，对溃疡也有一定的治疗效果。但红茶不宜放凉饮用，会影响暖胃效果，还可能因为放置时间过长而降低营养含量。

优酪乳蛋清面膜

　　这款面膜中含有多种天然的抗生素，能促进肌肤的新陈代谢，排除肌肤中的毒素与多余水分，有助于紧致肌肤。

🍀 材料

鸡蛋1个，鲜牛奶2小匙，优酪乳4小匙

✂ 工具

面膜碗，面膜棒

💧 制作方法

1. 将鸡蛋磕开取鸡蛋清，置于面膜碗中。
2. 在面膜碗中加入鲜牛奶、优酪乳，用面膜棒搅拌均匀即成。

✂ 使用方法

用温水洁面后，将调好的面膜涂抹在脸上（避开眼部、唇部四周的肌肤），静敷10~15分钟，用温水洗净即可。

😐 各种肤质		🥣 紧致瘦脸	
🕐 1~2次/周		❄ 冷藏2天	

咖啡面粉消脂面膜

　　这款面膜含有的咖啡因及矿物质，能渗透至深层肌肤，排除多余脂肪和毒素，从而起到紧致瘦脸的效果。

🍀 材料

鸡蛋1个，咖啡10克，面粉15克

✂ 工具

面膜碗，面膜棒

💧 制作方法

1. 将鸡蛋磕开，取鸡蛋清，置于面膜碗中。
2. 在面膜碗中加入咖啡、面粉，用面膜棒搅拌均匀即成。

✂ 使用方法

洁面后，将调好的面膜涂抹在脸上（避开眼部、唇部四周的肌肤），10~15分钟后用温水洗净即可。

😐 各种肤质		🥣 排毒瘦脸	
🕐 1~2次/周		❄ 冷藏3天	

椰汁冬瓜薏米面膜

冬瓜性寒凉、味甘淡，果肉及果瓤中含有丰富的甘露醇、葫芦素 β、维生素 C 及维生素 E 等美肤营养成分，具有极佳的清凉排毒、净白肌肤功效，能有效改善肤色暗沉、色斑、痤疮等多种肌肤问题，令肌肤变得白皙清透。

 各种肤质

 1～2 次 / 周

 净化活颜

❄ 冷藏 3 天

🌿 **材料**
冬瓜 30 克，椰汁 4 小匙，薏米粉 20 克

✖ **工具**
搅拌器，面膜碗，面膜棒，水果刀

◐ **制作方法**
1. 将冬瓜洗净，去皮、籽，切块，搅拌成泥。
2. 将冬瓜泥、薏米粉、椰汁倒入面膜碗中。
3. 用面膜棒搅拌均匀即成。

✖ **使用方法**
洁面后，将调好的面膜涂抹在脸上（避开眼部、唇部四周的肌肤），10~15 分钟后用温水洗净即可。

美丽提示

薏米是天然的美容佳品，含有丰富的蛋白质、维生素、水溶性纤维及油脂，不仅可美白肌肤，还是一种瘦身食品。自制薏米面膜性质温和，营养丰富，能够有效美白、柔嫩肌肤，令肌肤变得白皙光滑。

绿豆粉酸奶面膜

　　这款面膜含叶酸、乳酸菌等燃脂因子，能促进肌肤内脂肪燃烧，排除肌肤中的毒素与多余水分，有效紧致肌肤。

❧ 材料
绿豆粉 30 克，酸奶 3 大匙

✄ 工具
面膜碗，面膜棒

❂ 制作方法
1. 将绿豆粉、酸奶倒入面膜碗中。
2. 用面膜棒充分搅拌，调成均匀的糊状即成。

✄ 使用方法
洁面后，将调好的面膜涂抹在脸上（避开眼部、唇部四周的肌肤），10~15 分钟后用温水洗净即可。

☹ 各种肤质	🥣 燃脂瘦脸
🕐 1~2 次 / 周	❄ 冷藏 2 天

荷叶消肿排毒面膜

　　这款面膜含酒石酸、草酸、琥珀酸等美容成分，能净化肌肤、消除脸部多余的水分，帮助紧致肌肤，有良好的消肿瘦脸的功效。

❧ 材料
干荷叶 10 克，薏米粉 15 克

✄ 工具
锅，纱布，面膜碗，面膜棒

❂ 制作方法
1. 将荷叶洗净，加水煮，用纱布滤出荷叶水。
2. 将荷叶水、薏米粉一同加入面膜碗中，用面膜棒搅拌均匀即成。

✄ 使用方法
洁面后，将调好的面膜涂抹在脸上（避开眼部、唇部四周的肌肤），10~15 分钟后用温水洗净即可。

☹ 各种肤质	🥣 排毒瘦脸
🕐 1~2 次 / 周	❄ 冷藏 1 天

木瓜面粉去脂面膜

　　这款面膜富含番木瓜碱、木瓜醇等营养素，能收敛脸部毛孔，消除脸部脂肪。

🍀 材料
木瓜 1/4 个，面粉 30 克

🔪 工具
榨汁机，面膜碗，面膜棒，水果刀

💧 制作方法
1. 将木瓜洗净，去皮去籽，放入榨汁机榨汁。
2. 将木瓜汁、面粉一同倒入面膜碗中。
3. 用面膜棒充分搅拌，调和成糊状，即成。

✂ 使用方法
用温水洁面后，将调好的面膜涂抹在脸上（避开眼部、唇部四周的肌肤），静敷 10~15 分钟，用温水洗净即可。

😊 各种肤质	🥣 消脂瘦脸
🕐 1~2 次 / 周	❄ 冷藏 3 天

芦荟香蕉玉米面膜

　　这款面膜能使皮肤细嫩光滑，延缓皱纹产生。芦荟有利于美白肌肤，让肌肤细致。

🍀 材料
香蕉 20 克，玉米片 10 克，芦荟精华霜 1 小匙

🔪 工具
搅拌器，面膜碗，面膜棒，水果刀

💧 制作方法
1. 将玉米片浸泡成糊，香蕉切片，搅拌成泥。
2. 加入芦荟精华霜，搅拌均匀即成。

✂ 使用方法
洁面后，将调好的面膜涂抹在脸上（避开眼部、唇部四周的肌肤），10~15 分钟后用温水洗净即可。

😊 各种肤质	🥣 消脂紧肤
🕐 1~2 次 / 周	❄ 冷藏 3 天

葡萄柚消脂面膜

　　这款面膜除有绝佳的保湿效果之外，消除脂肪、收缩毛孔的功能也非常强大，能起到紧致瘦脸的效果。

♣ 材料

葡萄柚 50 克，面粉 15 克，纯净水适量

✂ 工具

搅拌器，面膜碗，面膜棒

● 制作方法

1. 将葡萄柚去皮和籽，取果肉，搅拌成泥，置于面膜碗中。
2. 在面膜碗中加入面粉、适量纯净水，用面膜棒搅拌均匀即成。

✂ 使用方法

洁面后，将调好的面膜涂抹在脸上（避开眼部、唇部四周的肌肤），10~15 分钟后用温水洗净即可。

😐 各种肤质		🥣 保湿消脂
🕐 1～3 次 / 周		❄ 冷藏 3 天

绿豆茶叶面膜

　　这款面膜含叶酸、单宁酸及茶黄素，能有效排除肌肤中的毒素，促进肌肤细胞的新陈代谢，令肌肤红润紧致。

♣ 材料

绿豆粉 40 克，普洱茶 1 小包，开水适量

✂ 工具

茶杯，面膜碗，面膜棒

● 制作方法

1. 将普洱茶包放入茶杯，用开水冲泡，静置 5 分钟，滤取茶汤并放凉。
2. 将绿豆粉、普洱茶水倒入面膜碗中。
3. 用面膜棒充分搅拌，调和成糊状即成。

✂ 使用方法

洁面后，将调好的面膜涂抹在脸上（避开眼部、唇部四周的肌肤），10~15 分钟后用温水洗净即可。

😐 各种肤质		🥣 紧致活颜
🕐 1～2 次 / 周		❄ 冷藏 3 天

甘草茯苓面膜

圣女果中含有维生素 B_1、维生素 B_2、维生素 C、胡萝卜素，钙、铁等微量元素，另外还含有番茄红素和蛋白质，外用可以使肌肤柔嫩、美白抗皱，还能延缓肌肤老化。

☺ 各种肤质
🕐 1～2次/周
🥣 消脂瘦脸
❄ 立即使用

 材料
甘草粉、茯苓粉各 15 克，圣女果 5 个，蜂蜜 2 小匙

✂ **工具**
榨汁机，面膜碗，面膜棒

◐ **制作方法**
1. 将圣女果洗净，榨取汁液，倒入面膜碗中。

2. 在面膜碗中加入甘草粉、茯苓粉、蜂蜜，用面膜棒搅拌均匀即成。

✂ **使用方法**
洁面后，用面膜刷蘸取本款面膜涂在脸上（避开眼部和唇部周围），约15分钟后，用清水洗净。

美丽提示

甘草粉还具有消炎抗菌及清洁的功能。可以将甘草粉 1 茶匙、绿豆粉 3 茶匙、白芷粉 2 茶匙混合，再混入 1 汤匙乳酪拌匀，敷于面上，约15分钟后用清水洗净便可。这种面膜最适合油脂分泌旺盛或肌肤生暗疮者使用，能够迅速去除多余油光，亮白肌肤。

大蒜去脂面膜

这款面膜含有燃脂因子，能排除肌肤中多余的水分，促进脂肪燃烧，有效紧致肌肤，起到瘦脸的效果。

❀ 材料

大蒜 20 克，糯米粉 30 克，蜂蜜适量

✄ 工具

微波炉，面膜碗，面膜棒，磨泥器

◍ 制作方法

1. 将大蒜去皮，用微波炉加热 2 分钟后取出，研成泥状。
2. 将蒜泥、蜂蜜、糯米粉倒入面膜碗中，用面膜棒搅拌均匀即成。

✄ 使用方法

洁面后，将调好的面膜涂抹在脸上（避开眼部、唇部四周的肌肤），10~15 分钟后用温水洗净即可。

☹	各种肤质	🥣	燃脂瘦脸
🕐	1~2 次 / 周	❄	冷藏 1 天

双粉蛋清面膜

这款面膜含有丰富的燃脂消肿因子，能促进肌肤的液体代谢，消除面部多余的水分，具有良好的瘦脸消肿功效。

❀ 材料

鸡蛋 1 个，橘皮粉、面粉各 20 克，纯净水适量

✄ 工具

面膜碗，面膜棒

◍ 制作方法

1. 将鸡蛋磕开，取鸡蛋清，置于面膜碗中。
2. 将橘皮粉、面粉一同倒入面膜碗中，加适量纯净水搅拌均匀即成。

✄ 使用方法

洁面后，将调好的面膜涂抹在脸上（避开眼部、唇部四周的肌肤），10~15 分钟后用温水洗净即可。

☹	各种肤质	🥣	紧致瘦脸
🕐	1~2 次 / 周	❄	冷藏 3 天

雪梨草莓酸奶面膜

　　这款面膜富含果酸和铁质，能有效滋润肌肤，收缩粗大毛孔。

🍀 **材料**

雪梨1个，草莓1颗，酸奶3大匙

🔪 **工具**

搅拌器，面膜碗，面膜棒，水果刀

💧 **制作方法**

1. 将雪梨洗净，去核切块；草莓去蒂切块，一起入搅拌器搅拌成泥状。
2. 将雪梨草莓泥倒入面膜碗中，加入酸奶，用面膜棒调和均匀即可。

😊 油性肤质	🥣 紧肤滋养
🕐 1～2次/周	❄ 冷藏3天

燕麦珍珠茶叶面膜

　　这款面膜含燕麦油和茶多酚，能增加肌肤活性，收敛毛孔，对抗肌肤衰老。

🍀 **材料**

燕麦粉40克，珍珠粉10克，鸡蛋1个，茶叶1小包

🔪 **工具**

锅，面膜碗，面膜棒

💧 **制作方法**

1. 将鸡蛋磕开，滤取蛋清，倒入面膜碗中。
2. 以开水冲泡茶叶，滤汁，加入蛋清、燕麦粉、珍珠粉，用面膜棒调匀即成。

😐 各种肤质	🥣 紧致瘦脸
🕐 2～3次/周	❄ 冷藏4天

丝瓜瘦脸面膜

　　这款面膜含多种维生素，可调节面部皮脂分泌，让面部肌肤清爽、收敛、平衡。

🍀 **材料**

丝瓜50克，蜂蜜1大匙

🔪 **工具**

搅拌器，面膜碗，面膜棒，水果刀

💧 **制作方法**

1. 将丝瓜削去外皮，洗净、切片。
2. 将丝瓜搅拌成泥，倒入碗中，加入蜂蜜，用面膜棒搅拌均匀即成。

😐 各种肤质	🥣 去脂防皱
🕐 1～2次/周	❄ 冷藏3天

中药紧致面膜

这款面膜能有效抑制脂质发生过氧化作用，搭配茯苓和泽泻可有效紧致肌肤。

❀ 材料

茯苓粉、泽泻粉各 15 克，白术粉 20 克，面粉 10 克，纯净水适量

✄ 工具

面膜碗，面膜棒

◉ 制作方法

1. 在面膜碗中加入茯苓粉、泽泻粉、白术粉、面粉。
2. 加入纯净水适量，搅拌均匀即成。

✄ 使用方法

洁面后，将调好的面膜涂抹在脸上（避开眼部、唇部四周的肌肤），10~15 分钟后用温水洗净即可。

😐	各种肤质	🥣	紧肤瘦脸
🕐	1~2 次 / 周	❄	立即使用

菊花葡萄番茄面膜

这款面膜含维生素、磷、纤维素等营养物质，能加速血液循环，润泽肌肤。

❀ 材料

番茄 50 克，菊花 10 克，巨峰葡萄 50 克

✄ 工具

搅拌器，面膜碗，面膜棒，水果刀

◉ 制作方法

1. 将番茄洗净切成块状，放入搅拌器中。
2. 将巨峰葡萄洗净，与搅拌器中的番茄一起搅拌成泥状。
3. 放入适量的菊花，用面膜棒搅拌均匀即成。

✄ 使用方法

洁面后，将调好的面膜涂抹在脸上（避开眼部、唇部四周的肌肤），10~15 分钟后用温水洗净即可。

😐	油性肌肤	🥣	紧致肌肤
🕐	1~2 次 / 周	❄	冷藏 3 天

苹果蜂蜜面膜

这款面膜含碳水化合物、苹果酸，有紧致肌肤、强化肌肤储水功能的作用。

🍀 材料

苹果 1 个，蜂蜜 2 小匙，面粉 20 克

✄ 工具

搅拌器，面膜碗，面膜棒

💧 制作方法

1. 将苹果洗净，搅拌成泥，倒入面膜碗中。
2. 在面膜碗中加入蜂蜜、面粉，用面膜棒搅拌均匀即成。

😐	各种肤质	⚗	紧肤瘦脸
🕐	1~2 次 / 周	❄	冷藏 3 天

绿豆粉果醋面膜

这款面膜能帮助肌肤弹性纤维吸收营养，提升毛孔收缩能力，令肌肤紧致自然。

🍀 材料

绿豆粉 30 克，苹果醋 2 大匙

✄ 工具

面膜碗，面膜棒

💧 制作方法

1. 将绿豆粉、苹果醋倒入面膜碗中。
2. 用面膜棒充分搅拌，调和成稀薄适中的糊状即成。

😐	各种肤质	⚗	紧致瘦脸
🕐	1~2 次 / 周	❄	冷藏 2 天

芹菜汁面膜

这款面膜含有肌肤所需的营养元素，能排除面部多余的水分，紧致滋润肌肤。

🍀 材料

芹菜 100 克

✄ 工具

榨汁机，面膜碗，面膜棒，面膜纸，水果刀

💧 制作方法

1. 将芹菜洗净切段，榨取汁液，倒入面膜碗中，适当搅拌。
2. 在芹菜汁中浸入面膜纸，泡开即成。

😐	油性 / 混合性	⚗	滋润瘦脸
🕐	2~3 次 / 周	❄	立即使用

西柚排毒面膜

这款面膜含维生素P、维生素C及可溶性纤维素。维生素P可以增强肌肤毛孔的功能，有利于肌肤保健和美容。维生素C可参与人体胶原蛋白的合成，促进抗体生成，以增强机体的解毒功能。

🍀 材料

面粉20克，西柚1/4个，纯净水适量

✄ 工具

榨汁机，面膜碗，面膜棒

🥄 制作方法

1. 将西柚去皮，放入榨汁机中搅成泥状，倒入面膜碗中。
2. 将面粉、纯净水加入西柚泥中，拌匀即成。

✄ 使用方法

洁面后，将调好的面膜涂抹在脸上（避开眼部、唇部四周的肌肤），10~15分钟后用温水洗净即可。

😐 各种肤质	🥄 收敛瘦脸
🕐 1~2次/周	❄ 立即使用

酒精橘子面膜

这款面膜含果酸、维生素和有机酸，尤其是维生素C的含量特别高。其中的有机酸能增强肌肤弹性，收敛肌肤。

🍀 材料

橘子2个，酒精、蜂蜜各2小匙

✄ 工具

搅拌器，面膜碗，面膜纸

🥄 制作方法

1. 将橘子剥开洗净，搅拌成泥，置于面膜碗中。
2. 加入酒精、蜂蜜，放置1周即成。

✄ 使用方法

洁面后，将调好的面膜涂抹在脸上（避开眼部、唇部四周的肌肤），10~15分钟后用温水洗净即可。

😐 敏感肤质	🥄 收敛紧肤
🕐 1~2次/周	❄ 冷藏7天

抗敏舒缓面膜
Anti-sensitive Soothing Mask

抗敏健康 x 改善敏感

　　敏感性皮肤对外界刺激的耐受度较低，容易受到外界温度、湿度、物理性及化学性物质的刺激，导致皮肤出现泛红、发痒、刺痛、粗糙、紧绷、脱屑或皮疹等情形。抗敏舒缓面膜是专门为敏感肤质设计的面膜，它不但能温和、彻底地清洁肌肤，还能调理肤质，缓解肌肤倦怠及压力，镇静肌肤，使肌肤平静舒适。长期使用抗敏舒缓面膜，能减少肌肤对外界环境变化的过敏反应，使肌肤变得健康白皙。

香蕉奶油绿茶面膜

绿茶含有丹宁、儿茶素、茶多酚及维生素 C 等成分，能安抚、镇静肌肤，淡化肌肤中的黑色素，并有极佳的抗氧化功能，能有效减少因紫外线及污染而产生的游离基，从而延缓肌肤衰老，令肌肤变得白皙无瑕、细腻柔嫩。

- 😊 各种肤质
- 🕐 1～2次/周
- 🥄 镇静舒缓
- ❄ 立即使用

☘ **材料**

香蕉半根，奶油4小匙，绿茶1包

✖ **工具**

纱布，茶杯，面膜碗，面膜棒

💧 **制作方法**

1. 将香蕉去皮，磨成泥状，将绿茶冲泡滤出茶水待用。

2. 将香蕉泥、奶油、绿茶水一同倒在面膜碗中，用面膜棒搅拌均匀即成。

✂ **使用方法**

洁面后，将调好的面膜涂抹在脸上（避开眼部、唇部四周的肌肤），10～15分钟后用温水洗净即可。

 美丽提示

香蕉表皮含有一种氧化酶——多酚氧化酶，当香蕉受冻或者被碰破时就会与空气中的氧气发生反应，氧化变黑，开始霉变。因此调制香蕉面膜时，做好后要尽快敷在脸上，不要使用不新鲜的香蕉作为面膜的原材料。

木瓜牛奶面膜

这款面膜含木瓜醇和维生素 C 等天然营养素，具有独特的锁水能力，可加强肌肤的屏障功能，能镇静、安抚敏感肌肤。

❀ 材料
木瓜 1/4 个，鲜牛奶 2 大匙，蜂蜜 1 小匙，面粉适量

✄ 工具
搅拌器，面膜碗，面膜棒，水果刀

♦ 制作方法
1. 将木瓜洗净，去皮去籽，放入搅拌器打成泥。
2. 将木瓜泥、鲜牛奶、蜂蜜一同倒入面膜碗中。
3. 加入适量面粉，用面膜棒搅拌调匀即成。

✄ 使用方法
洁面后，将调好的面膜涂抹在脸上（避开眼部、唇部四周的肌肤），10~15 分钟后用温水洗净即可。

☺ 各种肤质		🥣	镇静抗敏
⏰ 1~2 次/周		❄	冷藏 3 天

绿茶南瓜面膜

这款面膜含茶多酚及维生素等成分，能帮助安抚、镇静肌肤，清凉排毒，同时还可以提亮肤色，令肌肤美白无瑕。

❀ 材料
南瓜 40 克，绿茶粉、豆腐各 20 克，清水适量

✄ 工具
搅拌器，面膜碗，面膜棒，水果刀

♦ 制作方法
1. 将南瓜洗净，去皮去籽，与豆腐一同放入搅拌器中打成泥。
2. 将打好的泥与绿茶粉一同倒入面膜碗中。
3. 加入少许水，用面膜棒搅拌均匀即成。

✄ 使用方法
洁面后，将调好的面膜涂抹在脸上（避开眼部、唇部四周的肌肤），10~15 分钟后用温水洗净即可。

☺ 各种肤质		🥣	抗敏美白
⏰ 2~3 次/周		❄	冷藏 3 天

精油舒缓面膜

这款面膜能温和护理肌肤，可以增加肌肤的含水量，同时加强肌肤的屏障功能，让肌肤得到最佳的舒缓与镇静功效。

❀ 材料
玫瑰精油、檀香精油、熏衣草精油、天竺葵精油各 1 滴，鲜牛奶 150 毫升

✄ 工具
面膜碗，面膜棒，面膜纸

◐ 制作方法
1. 将玫瑰精油、檀香精油、熏衣草精油、天竺葵精油滴入面膜碗中。
2. 慢慢倒入新鲜牛奶，用面膜棒适度搅拌即成。

✄ 使用方法
洁面后，将面膜纸浸泡在面膜汁中，令其浸满涨开，取出贴敷在面部，10~15 分钟后揭下面膜，温水洗净即可。

各种肤质	抗敏镇静
1~2 次 / 周	冷藏 1 天

冰牛奶豆腐面膜

这款面膜所含的滋养美容成分能迅速渗透至肌肤深层，补充受损敏感肌肤所需的水分与养分，舒缓敏感症状。

❀ 材料
豆腐 50 克，鲜牛奶 2 小匙

✄ 工具
磨泥器，面膜碗，面膜棒，水果刀

◐ 制作方法
1. 将豆腐切块，放入磨泥器中研磨成泥。
2. 将鲜牛奶放入冰箱中冷藏 1 小时。
3. 将豆腐泥、冰牛奶倒入面膜碗中，用面膜棒搅拌均匀即成。

✄ 使用方法
洁面后，将调好的面膜涂抹在脸上（避开眼部、唇部四周的肌肤），10~15 分钟后用温水洗净即可。

各种肤质	镇静抗敏
2~3 次 / 周	冷藏 3 天

冰牛奶面膜

冰牛奶面膜不仅能对红肿、过敏肌肤起到镇静效果，还能淡化黑眼圈。

♣ 材料
冰块 50 克，鲜牛奶 2 大匙

✂ 工具
面膜碗，化妆棉

💧 制作方法
1. 将冰块、鲜牛奶放入面膜碗中。
2. 在牛奶中浸入化妆棉即成。

😊 各种肤质　　🥄 保湿抗敏
🕐 1～3次/周　　❄ 冷藏 3 天

苹果薄荷面膜

这款面膜能深层滋养肌肤，补充肌肤细胞所需的营养与水分，润泽肌肤。

♣ 材料
苹果 1 个，薄荷粉 3 克，清水适量

✂ 工具
搅拌器，面膜碗，面膜棒，水果刀

💧 制作方法
1. 将苹果洗净去皮及核，搅拌成泥。
2. 将苹果泥与薄荷粉倒入面膜碗中。
3. 加入适量清水，用面膜棒调和成糊状即成。

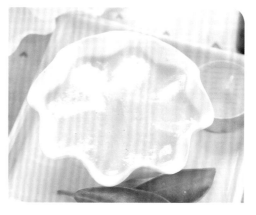

😊 各种肤质　　🥄 镇静清热
🕐 1～3次/周　　❄ 冷藏 3 天

绿茶燕麦面膜

这款面膜含燕麦油及丹宁等营养素，具有极佳的抗氧化功效。

♣ 材料
绿茶 1 小包，燕麦粉 60 克，开水 50 毫升

✂ 工具
杯子，面膜碗，面膜棒

💧 制作方法
1. 将绿茶用开水冲泡，静置 5 分钟，留茶汤备用。
2. 将绿茶汤、燕麦粉倒入面膜碗中。
3. 用面膜棒搅拌调匀，调成糊状即成。

😊 各种肤质　　🥄 镇静抗敏
🕐 1～3次/周　　❄ 冷藏 2 天

红薯苹果芳香修复面膜

这款面膜能深层补充肌肤所需的营养与水分，有效镇静受损的肌肤，改善肌肤的敏感状况，能起到美白、润泽肌肤的效果。

❧ 材料
红薯、苹果各1个，玫瑰精油2滴，蜂蜜1小匙

✄ 工具
搅拌器，面膜碗，面膜棒，水果刀

◍ 制作方法
1. 将苹果、红薯洗净去皮切块，入搅拌器打成泥。
2. 将果泥、蜂蜜、玫瑰精油一同倒入面膜碗中。
3. 用面膜棒充分搅拌，调和成糊状即成。

✄ 使用方法
洁面后，将调好的面膜涂抹在脸上（避开眼部、唇部四周的肌肤），10~15分钟后用温水洗净即可。

☺ 各种肤质	🦪 镇静抗敏
🕑 1~2次/周	❄ 冷藏3天

甘菊玫瑰面膜

这款面膜能迅速补充肌肤所需的水分，改善皮肤干燥粗糙的状况，抵抗敏感因子，恢复皮肤健康状态。

❧ 材料
干洋甘菊花10克，玫瑰精油、天竺葵油各1滴，橄榄油适量，开水适当

✄ 工具
面膜碗，面膜棒，茶杯，面膜纸

◍ 制作方法
1. 用开水冲泡干洋甘菊花，放置15分钟后，滤出菊花汁。
2. 将洋甘菊花汁倒在面膜碗中，加入玫瑰精油、天竺葵油和橄榄油。
3. 用面膜棒搅拌后即成。

✄ 使用方法
洁面后，将面膜纸浸泡在面膜汁中，令其浸满涨开，取出贴敷在面部，10~15分钟后揭下面膜，用温水洗净即可。

☺ 各种肤质	🦪 保湿抗敏
🕑 1~2次/周	❄ 冷藏3天

洋甘菊黄瓜面膜

这款面膜富含胆碱、甜菊苷及维生素等成分，具有绝佳的净化及镇静肌肤的功效。

❀ 材料
黄瓜半根，洋甘菊精油 1 滴，面粉 2 大匙

✄ 工具
搅拌器，面膜碗，面膜棒，水果刀

◐ 制作方法
1. 将黄瓜洗净切块，置于搅拌器中打成泥。
2. 将洋甘菊精油、黄瓜泥一同放入面膜碗中，加入面粉，用面膜棒搅拌调匀即成。

✄ 使用方法
洁面后，将面膜均匀涂在面部，10~15 分钟后用温水洗净即可。

😊 敏感肤质	🥣 镇静抗敏
🕐 1~2 次 / 周	❄ 冷藏 2 天

红酒熏衣草面膜

这款面膜含有丰富的熏衣草精华，能深层净化肌肤，消除肌肤紧张与压力，令肌肤清爽而有弹性。

❀ 材料
红酒 3 大匙，珍珠粉 10 克，熏衣草精油 2 滴，蜂蜜 1 小匙，清水适量

✄ 工具
锅，面膜碗，面膜棒，面膜纸，酒杯

◐ 制作方法
1. 将红酒倒入干净的容器中，隔水加热约 20 分钟，以蒸发掉部分酒精。
2. 待红酒放凉，与珍珠粉、蜂蜜、熏衣草精油一同倒入面膜碗中，用面膜棒调匀即成。

✄ 使用方法
洁面后，将面膜纸浸泡在面膜汁中，令其浸满涨开，取出贴敷在面部，10~15 分钟后揭下面膜，用温水洗净即可。

😊 各种肤质	🥣 净肤舒缓
🕐 1~3 次 / 周	❄ 冷藏 3 天

洋甘菊面膜

这款面膜对肌肤具有极佳的渗透能力，能激活细胞自身的修护能力，改善肤质。

♣ 材料

洋甘菊花 5 克，清水适量

✄ 工具

锅，面膜碗，面膜纸，纱布

💧 制作方法

1. 将洋甘菊花放入锅中，加清水煎煮成汁，滤取汁液。
2. 晾至温凉后，将洋甘菊花汁倒入面膜碗中，放入面膜纸，待其泡开即成。

各种肤质　　镇静修复
1～2次／周　　冷藏 3 天

甘菊熏衣草面膜

这款面膜富含甘菊、熏衣草等美肌成分，能镇静抗敏，舒缓美白肌肤。

♣ 材料

甘菊 10 克，熏衣草精油 2 滴，开水适量

✄ 工具

茶杯，纱布，面膜碗，面膜棒，面膜纸

💧 制作方法

1. 用开水冲泡甘菊，滤水，置于面膜碗中。
2. 在面膜碗中滴入精油，拌匀，浸入面膜纸，泡开即成。

敏感肤质　　镇静抗敏
1～3次／周　　冷藏 1 天

敏感肤质　　祛痘抗敏
1～3次／周　　冷藏 1 天

甘菊薄荷面膜

这款面膜中的甘菊、薄荷均含有抗敏成分，能镇静抗敏，有效祛痘，舒缓肌肤。

♣ 材料

甘菊 5 克，薄荷叶 3 克

✄ 工具

锅，纱布，面膜碗，面膜纸

💧 制作方法

1. 用开水冲泡甘菊，滤水，置于面膜碗中。
2. 将薄荷叶加水煮，滤水，和甘菊水混合。
3. 在调好的甘菊薄荷液中浸入面膜纸，泡开即成。

南瓜黄酒面膜

南瓜含维生素和生物碱等，有镇静、保湿、抗过敏的功效，可使肌肤健康红润。

❀ 材料

南瓜1块，党参1根，黄酒、白砂糖适量

✄ 工具

刀，搅拌器，面膜碗，面膜棒

● 制作方法

1. 将党参、南瓜切成小块，放入搅拌器中打成泥，倒入面膜碗中。
2. 加入黄酒、白砂糖，用面膜棒搅拌均匀即成。

☺ 各种肤质	⚱ 清凉镇静
⏱ 1～2次/周	❄ 冷藏3天

苹果地瓜芳香面膜

这款面膜富含果酸，可消除脸部干痒，促进新陈代谢，使皮肤焕发光彩。

❀ 材料

苹果、地瓜各50克，蜂蜜、香薰油各2小匙

✄ 工具

水果刀，搅拌器，面膜碗，面膜棒

● 制作方法

1. 将地瓜、苹果去皮切块，入搅拌器中打成泥。
2. 将果泥倒入面膜碗中，加入蜂蜜、香薰油，一起搅拌均匀即成。

☹ 各种肤质	⚱ 清凉舒爽
⏱ 1～3次/周	❄ 冷藏7天

芦荟芹菜镇静面膜

这款面膜含维生素C及类黄酮等成分，具有美白保湿与抗炎、抗过敏的功效。

❀ 材料

芦荟叶1片，芹菜30克

✄ 工具

水果刀，搅拌器，面膜碗，面膜棒，面膜纸

● 制作方法

1. 将芦荟叶去皮，取出芦荟胶。
2. 将芦荟胶和芹菜一起放入搅拌器中，加入适量水打成汁，倒入面膜碗中，再放入面膜纸泡开即可。

☺ 各种肤质	⚱ 镇静抗敏
⏱ 1～2次/周	❄ 冷藏3天

鱼腥草玉米粉绿茶面膜

这款面膜富含儿茶素、茶多酚等营养，能消除脸部红肿不适，平复敏感性肌肤。

❀ 材料

玉米粉 50 克，鱼腥草、绿茶各 10 克，开水适量

✄ 工具

纱布，锅，面膜碗，面膜棒

♦ 制作方法

1. 将鱼腥草、绿茶放入锅中，倒入开水煎煮 8 分钟，滤取茶汤，放凉备用。
2. 将玉米粉、茶汤一同倒入面膜碗中，用面膜棒搅拌均匀即成。

✄ 使用方法

洁面后，将调好的面膜涂抹在脸上（避开眼部、唇部四周的肌肤），10~15 分钟后用温水洗净即可。

😐 各种肌肤		🥣 镇静舒缓
🕐 1~2 次/周		❄ 冷藏 7 天

红豆红糖冰镇面膜

红豆富含维生素 B_1、维生素 B_2、蛋白质及多种矿物质，有补血消肿之效，在有效清洁肌肤的同时快速减轻肌肤干燥、微痒等不适感觉。

❀ 材料

红糖、红豆各 50 克，冰块 10 克

✄ 工具

搅拌器、面膜碗，面膜棒

♦ 制作方法

1. 将红豆浸泡一夜后，放入搅拌器中搅拌成糊状。
2. 将红豆泥、红糖、冰块一同放入面膜碗中，用面膜棒充分搅拌即成。

✄ 使用方法

洁面后，将调好的面膜涂抹在脸上（避开眼部、唇部四周的肌肤），10~15 分钟后用温水洗净即可。

😐 各种肤质		🥣 抗敏消痒
🕐 2~3 次/周		❄ 冷藏 7 天

橙花洋甘菊精油面膜

这款面膜富含胆碱、甜菊苷及维生素等成分，具有净化及镇静肌肤的功效。

🍀 材料
鲜牛奶2小匙，橙花精油1滴，洋甘菊精油2滴

✄ 工具
面膜碗，面膜棒，面膜纸

💧 制作方法
1. 在面膜碗中倒入鲜牛奶，滴入橙花精油、洋甘菊精油，用面膜棒搅拌均匀。
2. 在调好的面膜中浸入面膜纸，泡开即成。

☺ 敏感肤质	🥣 镇静抗敏
🕐 1~2次/周	❄ 冷藏1天

甘草洗米水面膜

这款面膜含甘草酸铵及维生素，有很好的抗炎舒缓功效，还能有效排除肌肤毒素。

🍀 材料
大米30克，甘草粉20克，清水适量

✄ 工具
锅，面膜纸，面膜棒，面膜碗

💧 制作方法
1. 将大米浸泡在水中，留取适量洗米水。
2. 将甘草粉倒入面膜碗中，加入洗米水，用面膜棒搅拌均匀，放入面膜纸泡开即成。

☺ 各种肤质	🥣 消炎排毒
🕐 1~2次/周	❄ 冷藏7天

西瓜薏米面膜

这款面膜由西瓜、薏米等材料制作而成，能修复受损细胞，镇静肌肤。

🍀 材料
西瓜50克，薏米粉30克，纯净水少许

✄ 工具
磨泥器，面膜碗，面膜棒，水果刀

💧 制作方法
1. 将西瓜去皮切块，放入磨泥器中研成泥状。
2. 将西瓜泥、薏米粉一同倒入面膜碗中，加适量纯净水搅拌均匀即成。

☺ 敏感肤质	🥣 镇静抗敏
🕐 1~2次/周	❄ 冷藏3天

活肤养颜面膜
Energizing and Beautifing Mask

活化肌肤 x 美容养颜

这类面膜富含肌肤所需的营养元素、天然水分等，并能快速渗入肌肤，深层补充肌肤细胞所需的营养与水分，能够活化肌肤，促进细胞的新陈代谢，加速细胞再生，有效修复肌肤，改善肤色，令肌肤变得柔嫩、光亮，富有光泽。

蜂蜜葡萄汁面膜

这款面膜含丰富的维生素，具有极佳的抗氧化能力，能令肌肤滋润细腻。

- 各种肤质
- 2～3次/周
- 抗老活颜
- 冷藏1天

 材料

葡萄50克，蜂蜜2小匙

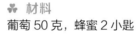 **工具**

榨汁机，面膜碗，面膜棒，面膜纸

制作方法

1. 将葡萄洗净，榨汁，置于面膜碗中。

2. 在碗中加入蜂蜜，用面膜棒搅拌均匀。
3. 浸入面膜纸，泡开即成。

使用方法

用温水洁面后，将浸泡好的面膜取出，敷在脸上，挤出气泡，压平面膜，静敷10~15分钟后取下面膜，温水洗净即可。

美丽提示

在制作该款面膜时，应选用新鲜的葡萄。葡萄中含有丰富的维生素C和果酸，对肌肤角质层刺激较大，如果是干性肌肤，角质层比较薄，敷用此款面膜的时间不宜太长；油性肤质的则可以多敷一会，让面部肌肤充分吸收面膜的营养。

胡萝卜奶蜜面膜

这款面膜含有丰富的滋养因子，能深层渗透润泽肌肤，改善皮肤粗糙、干痒等状况，重新焕发肌肤水漾光彩。

☘ 材料
胡萝卜半根，鲜牛奶 4 小匙，蜂蜜 2 小匙

✄ 工具
搅拌器，面膜碗，面膜棒，水果刀

◗ 制作方法
1. 将胡萝卜洗净去皮，放入搅拌器搅打成泥。
2. 将胡萝卜泥倒入面膜碗中，加入鲜牛奶、蜂蜜，用面膜棒调成糊状即成。

✄ 使用方法
洁面后，将调好的面膜涂抹在脸上（避开眼部、唇部四周的肌肤），10~15 分钟后用温水洗净即可。

😐 各种肤质	🥣 润泽活颜
🕐 1~2 次 / 周	❄ 冷藏 3 天

银耳饭团面膜

这款面膜营养丰富，不仅能活化肌肤，还能去除肌肤毛孔中的杂质，让肌肤更水润。

☘ 材料
银耳 10 克，大米 20 克，水适量

✄ 工具
锅，纱布，面膜碗，面膜棒

◗ 制作方法
1. 将银耳泡发，加水煮稠，滤水，晾凉。
2. 将大米洗净，入锅蒸至熟软，晾凉。
3. 在米饭中加入银耳水，做成饭团即成。

✄ 使用方法
洁面后，将做好的饭团面膜在脸上来回揉搓（避开眼部、唇部四周的肌肤），10~15 分钟后用温水洗净即可。

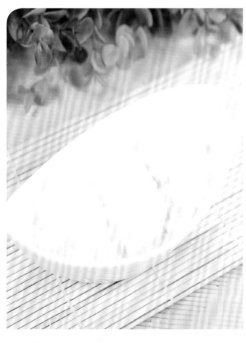

😐 各种肤质	🥣 活颜醒肤
🕐 1~3 次 / 周	❄ 冷藏 3 天

糯米黄瓜面膜

这款面膜能及时补充肌肤所需要的水分，起到滋润保湿的功效。

♣ 材料
糯米 50 克，黄瓜 1 根，清水适量

✖ 工具
锅，榨汁机，纱布，面膜碗，面膜棒，面膜纸，水果刀

♦ 制作方法
1. 将糯米洗净，加水熬成粥，滤取糯米汁。
2. 将黄瓜洗净切块，榨汁，倒在面膜碗中，加入糯米汁，用面膜棒搅拌均匀，放入面膜纸泡开即可。

✖ 使用方法
洁面后，取出浸泡好的面膜纸，敷在脸上（避开眼部、唇部四周的肌肤），压平面膜纸，静敷 10~15 分钟后揭去面膜纸，用温水洗净即可。

☹ 各种肤质	☕ 保湿活颜
🕐 2~3 次 / 周	❄ 冷藏 5 天

蜂蜜梨汁面膜

这款面膜有美白、保湿、抗衰老作用，还具有一定的修复能力，能使肌肤恢复弹性。

♣ 材料
雪梨 2 个，蜂蜜 2 小匙

✖ 工具
榨汁机，纱布，面膜碗，面膜棒，面膜纸，水果刀

♦ 制作方法
1. 将雪梨洗净，去皮、核，榨取果汁。
2. 用纱布滤取汁液放入面膜碗中，加入蜂蜜，用面膜棒搅拌均匀。
3. 在调好的面膜中浸入面膜纸，泡开即成。

✖ 使用方法
洁面后，取出浸泡好的面膜纸敷在脸上（避开眼部、唇部四周的肌肤），压平面膜纸，静敷 10~15 分钟后用温水洗净即可。

☹ 各种肤质	☕ 保湿活颜
🕐 1~2 次 / 周	❄ 立即使用

橙汁鲜奶面膜

这款面膜含维生素 C 和天然果酸，能活化肌肤，令肌肤净白细腻，富有光彩。

♣ 材料
柳橙 1 个，鲜牛奶 2 小匙，面粉 15 克

✖ 工具
榨汁机，面膜碗，面膜棒

◆ 制作方法
1. 将柳橙洗净，榨取汁液，倒入面膜碗中。
2. 在面膜碗中加入鲜牛奶和面粉，用面膜棒搅拌均匀即成。

☺ 各种肤质	🥣 活颜亮白
🕐 1～3 次 / 周	❄ 冷藏 1 天

鲜奶土豆蛋黄面膜

这款面膜能深层润泽肌肤，为干燥肌肤补充所需的水分与营养，活化滋养肌肤，改善暗沉状况，令肌肤变得水嫩光滑。

♣ 材料
土豆 1 个，鲜牛奶 3 大匙，鸡蛋 1 个

✖ 工具
搅拌器，面膜碗，面膜棒，水果刀

◆ 制作方法
1. 将土豆洗净切块，放入搅拌器打成泥。
2. 将鸡蛋磕开，滤取蛋黄，打散。
3. 将土豆泥、蛋黄、鲜牛奶一同倒在面膜碗中，用面膜棒搅拌均匀即成。

☺ 干性肤质	🥣 滋养活化
🕐 1～3 次 / 周	❄ 冷藏 3 天

☺ 各种肤质	🥣 活颜美白
🕐 1～2 次 / 周	❄ 冷藏 3 天

葡萄粉蜂蜜面膜

这款面膜能去除肌肤表面的老废角质，抑制黑色素的形成，让肌肤光彩照人。

♣ 材料
葡萄粉 20 克，面粉 10 克，蜂蜜 2 小匙，纯净水适量

✖ 工具
面膜碗，面膜棒

◆ 制作方法
在面膜碗中加入葡萄粉、面粉、蜂蜜，适量纯净水，用面膜棒搅拌均匀即成。

雪梨乳酪面膜

　　这款面膜含有美肤营养元素，能加速肌肤细胞的新陈代谢，提高肌肤的自愈能力，激发肌肤健康活力。

♣ 材料

雪梨 1 个，乳酪 2 小匙，面粉 20 克

✄ 工具

搅拌器，面膜碗，面膜棒，水果刀

● 制作方法

1. 将雪梨洗净，去皮去核，放入搅拌器中打成泥。
2. 将雪梨泥、乳酪、面粉一同置于面膜碗中。
3. 用面膜棒充分搅拌即成。

☺ 各种肤质	⚗ 活化肌肤
⏱ 1～2 次 / 周	❄ 冷藏 3 天

石榴蜂蜜面膜

　　这款面膜含两大抗氧化成分——红石榴多酚和花青素，可令肌肤明亮柔嫩。

♣ 材料

石榴 50 克，蜂蜜 2 小匙，面粉 15 克，纯净水适量

✄ 工具

榨汁机，面膜碗，面膜棒，水果刀

● 制作方法

1. 将石榴洗净去皮，榨汁，置于面膜碗中。
2. 在面膜碗中加入蜂蜜、面粉、适量纯净水，用面膜棒搅拌均匀即成。

☺ 各种肤质	⚗ 活颜抗衰
⏱ 2～3 次 / 周	❄ 冷藏 3 天

杏仁薏米面膜

　　这款面膜能促进肌肤新陈代谢，帮助活化肌肤，令肌肤变得紧致细腻。

♣ 材料

海带结 5 克，薏米粉 20 克，杏仁粉 10 克，纯净水适量

✄ 工具

榨汁机，面膜碗，面膜棒

● 制作方法

1. 将海带结用水泡发，放入榨汁机打成汁。
2. 将海带汁、薏米粉、杏仁粉倒入面膜碗中，加入适量纯净水。
3. 用面膜棒充分搅拌，调成轻薄适中的糊状即成。

☹ 各种肤质	⚗ 净化活颜
⏱ 1～2 次 / 周	❄ 冷藏 3 天

桃花蜂蜜面膜

这款面膜含有天然的活化亮肌成分，能有效锁住水分，重塑肌肤年轻光彩。

❀ **材料**
干桃花、冬瓜仁粉各 10 克，蜂蜜 1 小匙，纯净水适量

✄ **工具**
磨泥器，面膜碗，面膜棒

💧 **制作方法**
1. 将干桃花磨粉，置于面膜碗中，加入冬瓜仁粉和适量纯净水。
2. 加入蜂蜜，用面膜棒搅拌均匀即成。

✄ **使用方法**
温水洁面后，将调好的面膜涂抹在脸上（避开眼部、唇部四周的肌肤），静敷 10~15 分钟，用温水洗净即可。

 各种肤质 　　🥣 活颜亮采
🕐 2 ~ 3 次 / 周 　　❄ 冷藏 5 天

草莓酸奶面膜

这款面膜能改善气血循环，令面色红润有光泽，还有维护细胞正常代谢不可缺少的物质，能使沉着于皮肤的色素减退或消失。

❀ **材料**
草莓 100 克，酸奶 4 小匙，纯净水适量

✄ **工具**
磨泥器，面膜碗，面膜棒，水果刀

💧 **制作方法**
1. 将草莓洗净切小块，研成泥，放入面膜碗中。
2. 加入酸奶、适量纯净水，用面膜棒搅拌均匀即成。

✄ **使用方法**
将调好的面膜敷于脸上（避开眼部和唇部周围），待 10~15 分钟后取下，再用冷水洗干净即可。

 各种肤质 　　 活颜亮采
🕐 1 ~ 2 次 / 周 　　❄ 冷藏 5 天

苹果蛋黄面膜

这款面膜能活化皮肤的细胞，延缓衰老，改善肌肤粗糙、暗沉等状况。

❀ 材料

苹果1个，鸡蛋1个，面粉适量

✄ 工具

搅拌器，面膜碗，面膜棒，水果刀

◐ 制作方法

1. 将苹果洗净切块，入搅拌器打成泥；将鸡蛋磕开，滤取蛋黄打散。
2. 将苹果泥、蛋黄、面粉倒入面膜碗中。
3. 用面膜棒搅拌调匀即成。

☹ 干性肤质	⚕ 滋养活化
⏱ 2～3次/周	❄ 冷藏3天

木瓜泥面膜

这款面膜能促进肌肤新陈代谢，加速细胞再生，改善老化、粗糙等肌肤问题。

❀ 材料

木瓜半个

✄ 工具

搅拌器，面膜碗，面膜棒，水果刀

◐ 制作方法

1. 将木瓜洗净，去皮去籽，切成小块。
2. 将木瓜块放入搅拌器中打成泥状。
3. 将木瓜泥倒入面膜碗中，用面膜棒调匀即成。

☺ 各种肤质	⚕ 净化活颜
⏱ 1～2次/周	❄ 冷藏3天

☹ 各种肤质	⚕ 活化柔肤
⏱ 1～3次/周	❄ 冷藏3天

牛奶南瓜面膜

这款面膜能帮助滋润活化肌肤，保护表皮，防裂、防皱，令肌肤光滑柔软。

❀ 材料

南瓜60克，鲜牛奶4小匙，蜂蜜1小匙

✄ 工具

锅，面膜碗，面膜棒，磨泥器，水果刀

◐ 制作方法

1. 将南瓜洗净，去皮去籽，放入锅中蒸熟，捣成泥，放凉待用。
2. 将南瓜泥、鲜牛奶、蜂蜜倒入面膜碗中。
3. 用面膜棒搅拌均匀即成。

西瓜红豆面膜

这款面膜富含蛋黄油、卵磷脂、维生素 B1 及微量元素锌等，搭配红豆和西瓜可消除色斑、提亮肤色。

❀ 材料
红豆 15 克，西瓜 50 克，鸡蛋 1 个

✂ 工具
搅拌器，面膜碗，面膜棒，水果刀

♨ 制作方法
1. 将西瓜去皮，切成块状；红豆洗净，浸泡 1 个小时。
2. 将西瓜与浸泡好的红豆一起放入搅拌器中搅拌成糊状，放入面膜碗中。
3. 将鸡蛋磕开，滤取蛋黄，置于面膜碗中，搅拌均匀即成。

✿ 使用方法
洁面后，将调好的面膜涂抹在脸上（避开眼部、唇部四周的肌肤），10~15 分钟后用温水洗净即可。

☹	各种肤质	🥣	祛斑活颜
🕐	1~3 次 / 周	❄	冷藏 3 天

珍珠粉蜂蜜面膜

这款面膜能淡化黑色素，去除老化细胞，促进胶原蛋白的产生，让暗沉的肤色恢复明亮。

❀ 材料
蜂蜜 1 大匙，珍珠粉 15 克，鸡蛋 1 个，柠檬精油 1 滴，纯净水适量

✂ 工具
搅拌器，面膜碗，面膜棒

♨ 制作方法
1. 将鸡蛋磕开，滤取蛋黄，置于面膜碗中。
2. 加入蜂蜜、珍珠粉、纯净水、柠檬精油，搅拌均匀即成。

✿ 使用方法
洁面后，将调好的面膜涂抹在脸上（避开眼部、唇部四周的肌肤），10~15 分钟后用温水洗净即可。

☹	各种肤质	🥣	活颜淡斑
🕐	1~2 次 / 周	❄	冷藏 3 天

菠菜珍珠粉面膜

珍珠粉中含 B 族维生素、氨基酸及 20 多种微量元素，能够祛斑美白，去除黑头和痘痘，具有极佳的美容功效，控油保湿效果也很显著，并能通过激发超氧化物歧化酶的活性，达到清除自由基的作用，从而淡化色斑，延缓衰老。

😐 各种肤质

🕐 1～3次/周

🥣 活颜美白

❄ 冷藏1天

🍀 **材料**
菠菜 50 克，珍珠粉 10 克

✂ **工具**
榨汁机，面膜碗，面膜棒

💧 **制作方法**
1. 将菠菜洗净，榨汁，置于面膜碗中。
2. 在面膜碗中加入珍珠粉，用面膜棒搅拌均匀即成。

✘ **使用方法**
用温水洁面后，将调好的面膜涂抹在脸上（避开眼部、唇部四周的肌肤），静敷10~15分钟，用温水洗净即可。

美丽提示

面膜中所用的珍珠粉宜选用纳米级的优质珍珠粉，才能让肌肤充分地吸收营养素，让面膜的功效更佳。

橙汁泥面膜

这款面膜含丰富的维生素C和果酸，能为肌肤提供所需水分与营养，活化肌肤。

♣ **材料**
柳橙1个

✄ **工具**
榨汁机，面膜碗，面膜棒，水果刀

💧 **制作方法**
将柳橙洗净切块，榨汁后去汁留泥，倒入面膜碗中，用面膜棒搅拌均匀即成。

😐 各种肤质　　🥣 活颜亮采
🕐 1~2次/周　　❄ 立即使用

党参当归面膜

这款面膜能深层滋养肌肤，补充肌肤所需营养，改善肌肤暗沉、皱纹等问题。

♣ **材料**
党参、当归各15克，淀粉10克

✄ **工具**
锅，纱布，面膜碗，面膜棒，面膜纸

💧 **制作方法**
1. 将党参、当归洗净，加水煮开后，用纱布滤水。
2. 将中药水、淀粉一同倒在面膜碗中，用面膜棒搅拌均匀。
3. 在调好的面膜中浸入面膜纸，泡开即成。

😐 各种肤质　　🥣 活颜抗老
🕐 1~3次/周　　❄ 冷藏1天

人参红枣面膜

这款面膜能深层滋养肌肤，补充肌肤所需营养，改善暗沉，活化肌肤。

♣ **材料**
红枣粉、人参粉各30克，热水少许

✄ **工具**
面膜碗，面膜棒

💧 **制作方法**
1. 将红枣粉、人参粉置于面膜碗中，加入适量热水。
2. 用面膜棒搅拌均匀即成。

😐 各种肤质　　🥣 活颜亮采
🕐 1~2次/周　　❄ 冷藏3天

盐醋鸡蛋面膜

这款面膜中的醋酸和乳酸对皮肤有温和的刺激作用，能使血管扩张，促进血液循环，使皮肤光滑。

🍀 材料
鸡蛋1个，盐5克，米醋1大匙，橄榄油2小匙

✄ 工具
面膜碗，面膜棒，面膜纸

💧 制作方法
1. 将鸡蛋磕开，置于面膜碗中。
2. 在面膜碗中继续加入盐、米醋、橄榄油，搅拌均匀。
3. 在调好的面膜中浸入面膜纸，泡开即成。

✖ 使用方法
洁面后，取出浸泡好的面膜纸，敷在脸上（避开眼部、唇部四周的肌肤），压平面膜纸，静敷10~15分钟后揭去面膜纸，用温水洗净即可。

😐 各种肤质	🥄 清洁亮肤
🕐 1~3次/周	❄ 立即使用

蜜桃燕麦面膜

这款面膜含有燕麦油、B族维生素、蛋白质等营养素，能乳化大量水分，在肌肤表面形成一层保护膜，从而延缓肌肤老化。

🍀 材料
水蜜桃1个，燕麦粉60克，纯净水适量

✄ 工具
榨汁机，面膜碗，面膜棒，水果刀

💧 制作方法
1. 将水蜜桃洗净去皮、去核，入榨汁机榨汁待用。
2. 将水蜜桃汁、燕麦粉倒入面膜碗中。
3. 加入适量纯净水，用面膜棒搅拌调匀即成。

✖ 使用方法
洁面后，将调好的面膜涂抹在脸上（避开眼部、唇部四周的肌肤），10~15分钟后用温水洗净即可。

😐 各种肤质	🥄 净化活颜
🕐 1~3次/周	❄ 冷藏2天

薏粉精油面膜

这款面膜可补充肌肤水分，加快皮肤新陈代谢的速度，同时可去除老化细胞，明亮肤色，淡化黑色素，美白肌肤。

❀ 材料
柠檬精油 2~4 滴，甘菊精油 1~2 滴，薏米粉15 克，甘油 1 小匙，纯净水适量

✄ 工具
面膜棒、面膜碗

♦ 制作方法
1. 将薏米粉、甘油置于面膜碗中。
2. 加入柠檬、甘菊精油和适量纯净水，用面膜棒搅拌均匀即成。

✗ 使用方法
洁面后，将调好的面膜涂抹在脸上（避开眼部、唇部四周的肌肤），10~15 分钟后用温水洗净即可。

☻	各种肤质		美白活颜
⏲	1~3 次 / 周	❄	立即使用

苦瓜麦片鲜奶面膜

这款面膜富含维生素、苦瓜素及天然水分，可有效中断黑色素的生成过程，防止色斑生成，令肌肤白皙润泽。

❀ 材料
苦瓜 1 根，麦片 5 克，鲜牛奶 4 小匙，面粉适量

✄ 工具
搅拌器，面膜碗，面膜棒，水果刀

♦ 制作方法
1. 将苦瓜洗净去瓤，切块后放入搅拌器打成泥。
2. 将苦瓜泥、麦片、牛奶、面粉倒入面膜碗中。
3. 用面膜棒搅拌调匀即成。

✗ 使用方法
洁面后，将调好的面膜涂抹在脸上（避开眼部、唇部四周的肌肤），10~15 分钟后用温水洗净即可。

☹	干性肤质	⚕	祛斑活颜
⏲	1~3 次 / 周	❄	冷藏 3 天

玫瑰核桃粉面膜

这款面膜能深层活化肌肤细胞，有效抑制黑色素的形成与沉淀，提亮肤色。

♣ **材料**
干玫瑰花、核桃仁粉、面粉各 10 克

✄ **工具**
锅，面膜碗，面膜棒

♥ **制作方法**
1. 将玫瑰花洗净，入锅加水煮，滤取玫瑰花水。
2. 将玫瑰花水、核桃仁粉、面粉一同倒入面膜碗中，用面膜棒搅拌均匀即成。

各种肤质		活血养颜	
1～2次／周		冷藏 3 天	

西瓜蛋黄红豆面膜

蛋黄富含蛋白质、蛋黄油，搭配红豆、西瓜，可使皮肤细腻红润。

♣ **材料**
红豆 100 克，西瓜 50 克，蛋黄 5 克

✄ **工具**
搅拌器，面膜碗，面膜棒，水果刀

♥ **制作方法**
1. 将西瓜切块状，与浸泡好的红豆一起搅拌成泥。
2. 将鸡蛋磕开，取蛋黄，与西瓜红豆泥搅拌均匀即成。

各种肤质		活化肌肤	
1～2次／周		冷藏5天	

红糖蜂蜜面膜

这款面膜含糖蜜和多种矿物质，能提供保湿因子，令肌肤水润白皙。

♣ **材料**
红糖 30 克，面粉 50 克，蜂蜜、开水各适量

✄ **工具**
面膜碗，面膜棒

♥ **制作方法**
1. 将红糖放入杯中，加入开水，搅拌使其充分溶化，放凉待用。
2. 将红糖水倒入面膜碗中，加入面粉、蜂蜜，用面膜棒调匀即成。

各种肤质		保湿活颜	
1～2次／周		冷藏 3 天	

苦瓜绿豆面膜

这款面膜中存在一种活性蛋白质，这种蛋白质能清除体内的有害物质，长期使用，能排毒美颜，柔滑肌肤。

♣ 材料
苦瓜 50 克，绿豆粉 15 克，蜂蜜 1 大匙纯净水适量

✂ 工具
搅拌器，面膜碗，面膜棒，水果刀

◊ 制作方法
1. 将苦瓜洗净切块，搅拌成泥，置于面膜碗中。
2. 加入蜂蜜、绿豆粉、适量纯净水，用面膜棒搅拌均匀即成。

✖ 使用方法
洁面后，将调好的面膜涂抹在脸上（避开眼部、唇部四周的肌肤），10~15 分钟后用温水洗净即可。

☹ 各种肤质		🥣 清洁活肤
🕐 1~2 次 / 周		❄ 冷藏 3 天

珍珠粉牛奶面膜

这款面膜富含亮肤因子，能滋润干燥的皮肤，提升肌肤的光泽，活化肌肤。

♣ 材料
珍珠粉、面粉各 10 克，鲜牛奶 2 小匙

✂ 工具
面膜碗，面膜棒

◊ 制作方法
1. 在面膜碗中加入珍珠粉、面粉。
2. 在碗中加入鲜牛奶，用面膜棒搅拌均匀即成。

✖ 使用方法
用温水洁面后，将调好的面膜涂抹在脸上（避开眼部、唇部四周的肌肤），静敷 10~15 分钟，用温水洗净即可。

☹ 各种肤质		🥣 活颜滋润
🕐 1~3 次 / 周		❄ 冷藏 3 天

红酒酵母面膜

红酒中低浓度的果酸有抗皱洁肤的作用，能够促进角质新陈代谢、淡化色素、抑制黑色素的形成，让皮肤更白皙、光滑；蛋黄含有丰富的蛋白质和卵磷脂能够增强肌肤的保湿能力。红酒、蛋黄与酵母搭配可深层滋润肌肤，增加肌肤光泽。

- 😐 偏干性肤质
- 🕐 1~2次/周
- 👄 亮采活肤
- ❄️ 立即使用

 材料
红葡萄酒 4 小匙，鸡蛋 1 个，酵母粉 15 克

🗡 工具
面膜碗，面膜棒

💧 制作方法
1. 将鸡蛋磕开，取蛋黄，放入面膜碗中。

2. 将红葡萄酒、酵母粉一同放入面膜碗中，充分搅拌均匀即成。

✄ 使用方法
洁面后，将调好的面膜涂抹在脸上（避开眼部、唇部四周的肌肤），10~15 分钟后用温水洗净即可。

美丽提示

鸡蛋取出蛋黄后，剩下的蛋清可以与其他素材搭配，制成具有其他功效的保养品，也可单独敷用。

用洗面奶洗净皮肤后，取一个鸡蛋清敷面 15~20 分钟，可以使皮肤收紧，光泽润滑。蛋清敷面后用清水洗净，拍上紧肤水，擦上面霜即可。

玫瑰牛奶面膜

这款面膜含有维生素C，能保护皮肤表皮，防裂、防皱，使肌肤美白柔润。

♣ 材料

干玫瑰花10克、甘油2小匙，牛奶50毫升

✂ 工具

锅，面膜纸

♠ 制作方法

1. 将牛奶入锅，放入干玫瑰花，以小火熬5~10分钟放置待用。
2. 待牛奶玫瑰花汁温度降至常温，滴入甘油，并在其中浸入面膜纸，泡开即成。

😐 各种肤质	🥣 活血滋润
🕐 2~3次/周	❄ 冷藏3天

木瓜桃子面膜

这款面膜能软化肌肤老化角质，促进肌肤新陈代谢，有效净化肌肤、亮白肌肤。

♣ 材料

木瓜50克，水蜜桃半个，面粉40克

✂ 工具

榨汁机，面膜碗，面膜棒，水果刀

♠ 制作方法

1. 将木瓜、桃子分别洗净，去皮去籽，放入榨汁机榨汁。
2. 将果汁、面粉一同倒入面膜碗中。
3. 用面膜棒充分搅拌，调和成糊状即成。

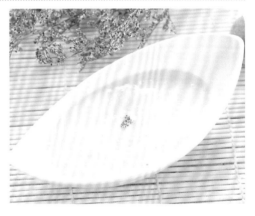

😐 各种肤质	🥣 净化活颜
🕐 1~2次/周	❄ 冷藏2天

😐 各种肤质	🥣 净化活肤
🕐 1~2次/周	❄ 冷藏3天

猕猴桃绿豆面膜

这款面膜能深层渗透滋养肌肤，改善肌肤暗沉现象，焕发肌肤活力。

♣ 材料

绿豆粉40克，猕猴桃1个，纯净水适量

✂ 工具

榨汁机，面膜碗，面膜棒

♠ 制作方法

1. 将猕猴桃去皮，放入榨汁机中榨汁。
2. 将绿豆粉、猕猴桃汁倒入面膜碗中。
3. 加入适量纯净水，用面膜棒调匀即成。

杏仁白芷面膜

这款面膜含亮肤美白因子，能促进肌肤新陈代谢，提升细胞活力，改善肌肤暗沉、色斑等状况，让肌肤重焕无瑕光彩。

♣ 材料
白芷粉、杏仁粉、冰片粉各20克，蜂蜜2小匙，纯净水适量

✄ 工具
面膜碗，面膜棒

♠ 制作方法
1. 将白芷粉、杏仁粉、冰片粉一同置于面膜碗中。
2. 加入蜂蜜和少许纯净水，用面膜棒，搅拌均匀即成。

✄ 使用方法
洁面后，将调好的面膜涂抹在脸上（避开眼部、唇部四周的肌肤），10~15分钟后用温水洗净即可。

☹ 各种肤质		🥣 亮肤美白
🕐 1~2次/周		❄ 冷藏3天

珍珠粉亮肤面膜

这款面膜能淡化黑色素，去除老化细胞，促进胶原蛋白的产生，解决肌肤暗沉问题，美白肌肤。

♣ 材料
蜂蜜2小匙，鸡蛋1个，珍珠粉30克，柠檬精油1滴

✄ 工具
搅拌器，面膜碗，面膜棒

♠ 制作方法
1. 将鸡蛋磕开，取蛋清，倒入面膜碗中。
2. 在面膜碗中加入蜂蜜、珍珠粉、柠檬精油，用面膜棒搅拌均匀即成。

✄ 使用方法
洁面后，将调好的面膜涂抹在脸上（避开眼部、唇部四周的肌肤），10~15分钟后用温水洗净即可。

☹ 各种肤质		🥣 亮采活肤
🕐 1~2次/周		❄ 冷藏3天

银耳白芷面膜

　　这款面膜含有氨基酸、微量元素锌及胶原蛋白，能活血去风、去除色斑，令肌肤变得润泽无瑕。

♣ 材料
白芷粉 5 克，干银耳、清水适量

✂ 工具
锅，面膜碗，面膜棒，纱布

♦ 制作方法
1. 将干银耳提前泡发，加水熬煮成汤，滤取银耳汤，放凉待用。
2. 将白芷粉、银耳汤倒在面膜碗中，用面膜棒充分搅拌即成。

✖ 使用方法
洁面后，将调好的面膜涂抹在脸上（避开眼部、唇部四周的肌肤），10~15 分钟后用温水洗净即可。

😐 各种肤质	🥄 活血美白
🕐 2 ~ 3 次 / 周	❄ 冷藏 2 天

当归焕肤面膜

　　这款面膜能扩张毛细血管，加快皮肤代谢，活血亮肤。

♣ 材料
当归粉 50 克，姜 20 克，纯净水适量

✂ 工具
锅，面膜碗，面膜棒，水果刀

♦ 制作方法
1. 将姜洗净切成薄片，加水煮沸约 3 分钟至水量剩下一半。
2. 趁热取姜汁，置于面膜碗中。
3. 将当归粉加入其中，用面膜棒搅拌均匀即成。

✖ 使用方法
洁面后，将调好的面膜涂抹在脸上（避开眼部、唇部四周的肌肤），10~15 分钟后用温水洗净即可。

😐 各种肤质	🥄 活化肌肤
🕐 2 ~ 3 次 / 周	❄ 冷藏 2 周

冬瓜奶酪面膜

这款面膜含番茄红素和葫芦素 β，能促进肌肤新陈代谢，有效改善暗沉、粉刺、痘痘等问题。

♣ 材料

冬瓜 100 克，番茄 1 个，奶酪 2 小匙

✄ 工具

搅拌器，面膜碗，面膜棒，水果刀

💧 制作方法

1. 将冬瓜、番茄分别洗净，去皮切块。
2. 将冬瓜块、番茄块、奶酪一同放入搅拌器打成泥。
3. 将打好的泥倒入面膜碗中，用面膜棒搅拌均匀即成。

✖ 使用方法

洁面后，将调好的面膜涂抹在脸上（避开眼部、唇部四周的肌肤），10~15 分钟后用温水洗净即可。

😐 各种肤质	🥣 活化肌肤
🕐 1~2 次 / 周	❄ 冷藏 3 天

核桃鸡蛋面膜

这款面膜由核桃、鸡蛋等天然材料制成，含丰富的 B 族维生素，能深层滋润、活化肌肤，改善肌肤暗沉状况，令肌肤柔嫩红润。

♣ 材料

鸡蛋 1 个，核桃粉、面粉各 15 克

✄ 工具

面膜碗，面膜棒

💧 制作方法

1. 将鸡蛋磕开，置于面膜碗中，充分搅拌。
2. 加入核桃粉、面粉，用面膜棒搅拌均匀即成。

✖ 使用方法

洁面后，将调好的面膜涂抹在脸上（避开眼部、唇部四周的肌肤），10~15 分钟后用温水洗净即可。

😐 各种肤质	🥣 活颜亮肤
🕐 1~3 次 / 周	❄ 冷藏 3 天

香醋红茶红糖面膜

这款面膜含有叶酸及微量元素，可加速血液循环，提高局部皮肤的营养，让肌肤颜色自然亮白、红润。

❀ 材料
香醋 2 滴，红茶 30 克，红糖 10 克

✄ 工具
搅拌器，面膜碗，面膜棒，面膜纸

♦ 制作方法
1. 将红茶加适量的开水泡好。
2. 将红茶水倒入面膜碗中，加入红糖搅拌好。
3. 放入香醋 2 滴，搅拌均匀。
4. 在调好的面膜中浸入面膜纸，泡开即成。

✄ 使用方法
洁面后，取出浸泡好的面膜，敷在脸上（避开眼部、唇部四周的肌肤），压平面膜纸，静敷10~15 分钟后揭去面膜纸，用温水洗净即可。

| 😐 各种肤质 | 🥣 亮丽肌肤 |
| 🕐 1 ~ 2 次 / 周 | ❄ 冷藏 3 天 |

| 😐 干性肤质 | 🥣 活肤亮采 |
| 🕐 天天使用 | ❄ 冷藏 3 天 |

中药亮白焕肤面膜

这款面膜含有大量的乳酸，作用温和，安全可靠。能减少黑色素生成，增强皮肤活力。

❀ 材料
茄子 50 克，原味酸奶 3 大匙，党参 10 克，淮山 10 克

✄ 工具
搅拌器，面膜碗，面膜棒，水果刀

♦ 制作方法
1. 将茄子洗净切成块状，放入搅拌器中。
2. 将党参、淮山洗净切成块，与茄子一起搅拌成泥，置于面膜碗中。
3. 在面膜碗中加入适量原味酸奶，用面膜棒搅拌均匀即成。

✄ 使用方法
洁面后，将调好的面膜涂抹在脸上（避开眼部、唇部四周的肌肤），10~15 分钟后用温水洗净即可。

苦瓜排毒焕肤面膜

苦瓜中存在一种具有明显抗癌作用的活性蛋白质，这种蛋白质能清除体内的有害物质，长期食用，能排毒美颜，柔滑肌肤。

 各种肤质

 1~2 次 / 周

🥣 排毒焕彩

❄ 冷藏 5 天

♣ **材料**
苦瓜 10 克，蜂蜜 1 小匙，绿豆粉 10 克，茶树精油 1 滴

🔪 **工具**
搅拌器，面膜碗，面膜棒，水果刀

🌢 **制作方法**
1. 将苦瓜洗净切成小块，放入搅拌器中搅拌成泥。

2. 将苦瓜泥置于面膜碗中，加入蜂蜜、茶树精油、绿豆粉，用面膜棒搅拌均匀即成。

✄ **使用方法**
将调好的面膜敷于脸上（避开眼部和唇部周围的皮肤），待 10~15 分钟后取下，再用冷水洗干净。

美丽提示

蜂蜜是极佳的天然美容品，能够促进肌肤的新陈代谢，增强肌肤活力与抗菌能力，并能减少色素沉着、防止皮肤干燥、有效改善肌肤皱纹等问题，令肌肤柔软、洁白、细腻，从而起到理想的美容养颜作用。

菠菜薄荷面膜

这款面膜含丰富的水分子，能补充肌肤水分，深层清洁肌肤，让肌肤更水润。

♣ 材料
菠菜 50 克，薄荷叶 3 克，清水适量

✂ 工具
锅，榨汁机，面膜碗，面膜棒，面膜纸

◑ 制作方法
1. 将菠菜洗净，榨汁，置于面膜碗中。
2. 将薄荷叶洗净煮水，倒入面膜碗，搅拌均匀。
3. 在调好的面膜中浸入面膜纸，泡开即成。

✖ 使用方法
洁面后，取出浸泡好的面膜纸，敷在脸上（避开眼部、唇部四周的肌肤），压平面膜纸，10~15 分钟后揭去面膜纸，用温水洗净即可。

☻ 各种肤质	⏲ 1～3 次 / 周	🥄 清洁亮采	❄ 冷藏 1 天

优酸乳活颜面膜

这款面膜能加速细胞的新陈代谢、增强免疫系统，提高人体的自愈能力，排除细胞内的毒素。

♣ 材料
梨 50 克，优酸乳 3 大匙，玫瑰精油 2 滴

✂ 工具
搅拌器，面膜碗，面膜棒，水果刀

◑ 制作方法
1. 将梨洗净切块，放入搅拌器中搅拌成泥，置于面膜碗中。
2. 在面膜碗中加入优酸乳、玫瑰精油，用面膜棒搅拌均匀即成。

✖ 使用方法
洁面后，将调好的面膜涂抹在脸上（避开眼部、唇部四周的肌肤），10~15 分钟后用温水洗净即可。

☻ 各种肤质	1～2 次 / 周	🥄 活颜亮采	❄ 冷藏 3 天

09

控油祛痘面膜
Anti-acne Mask

修复疤痕 x 消除痘印

　　青春痘、黑头、粉刺，都是面部的常见问题。自制祛痘面膜不但能清除肌肤上的老废角质，溶解黑头、粉刺，调节水油平衡，收缩粗大的毛孔，还能给肌肤提供充足的养分，从而深度修复疤痕组织，促进表皮细胞的生长，恢复细腻肌肤。

绿豆黄瓜精油面膜

　　这款面膜含有乙烯、柠檬油精、桉油酚、胡萝卜素、叶酸、氨基酸及松油精等有效护肤成分，能有效排除肌肤中的毒素与老废角质，净化消炎，改善肌肤粉刺及毛孔粗大等问题，令肌肤清透无瑕。

 油性肤质

 1～2次/周

 消炎祛痘

❄ 冷藏2天

 材料
绿豆粉2大匙，黄瓜1根，茶树精油1滴，纯净水适量

工具
搅拌机，面膜碗，面膜棒

制作方法
1. 将黄瓜洗净，放入搅拌机中打成泥。
2. 将黄瓜泥、绿豆粉、茶树精油、

纯净水一同倒在面膜碗中，用面膜棒充分搅拌，调和成稀薄适中、易于敷用的糊状面膜即成。

使用方法
洁面后，将调好的面膜涂抹在脸上（避开眼部、唇部四周的肌肤），10～15分钟后用温水洗净即可。

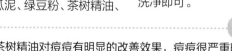

　　茶树精油对痘痘有明显的改善效果，痘痘很严重时，可用棉签蘸上茶树精油，直接涂抹在长痘处，可帮助消除痘痘。需要注意的是，除少部分精油，如茶树精油、熏衣草精油等可直接涂抹于皮肤外，其他大部分单方精油都必须稀释或用基础油调和后才能使用，以免灼伤皮肤。

香蕉绿豆面膜

　　这款面膜能深层洁净肌肤，清除肌肤毛细孔中的油腻与杂质，改善肌肤长痘、出粉刺等状况，令肌肤变得清透细嫩。

♣ 材料

香蕉半根，绿豆粉1匙，清水适量

✄ 工具

磨泥器，面膜碗，面膜棒

♦ 制作方法

1. 将香蕉去皮，用磨泥器研成泥状。
2. 将香蕉泥、绿豆粉倒在面膜碗中，加入清水，用面膜棒充分搅拌即成。

✄ 使用方法

洁面后，将调好的面膜涂抹在脸上（避开眼部、唇部四周的肌肤），10~15分钟后用温水洗净即可。

😣 油性肤质		🥣 控油排毒
🕐 1~2次/周		❄ 立即使用

香蕉橄榄油面膜

　　这款面膜能深层净化肌肤，排除肌肤中的毒素，保持肌表的水油平衡，有效去除痘痘，令肌肤变得清透无瑕。

♣ 材料

香蕉1根，橄榄油2小匙

✄ 工具

磨泥器，面膜碗，面膜棒

♦ 制作方法

1. 把香蕉研磨成果泥。
2. 将香蕉泥、橄榄油一同置于面膜碗中，用面膜棒充分搅拌，调成糊状即成。

✄ 使用方法

洁面后，将调好的面膜涂抹在脸上（避开眼部、唇部四周的肌肤），10~15分钟后用温水洗净即可。

😐 各种肤质		🥣 洁净排毒
🕐 1~2次/周		❄ 立即使用

红豆泥面膜

这款面膜能深层清除肌肤毛孔中的杂质与油腻，调节肌肤表面水油平衡，抑制多余油脂的分泌，有效祛痘。

♣ 材料

红豆100克，纯净水适量

✂ 工具

搅拌器，锅，面膜碗，面膜棒

💧 制作方法

1. 将红豆洗净，提前浸泡，放入锅中，加水煮至熟软，用搅拌器搅打成泡。
2. 将红豆泥倒在面膜碗中，加水搅拌均匀。
3. 用面膜棒调和成稀薄适中的糊状后晾凉即成。

✖ 使用方法

洁面后，将调好的面膜涂抹在脸上（避开眼部、唇部四周的肌肤），10~15分钟后用温水洗净即可。

😟	油性肤质	🥣	控油祛痘
🕐	1~2次/周	❄	冷藏3天

香蕉芝士面膜

这款面膜能深层净化肌肤，排除肌肤中的毒素，保持肌表水油平衡，有效去除痘痘，令肌肤变得清透无瑕。

♣ 材料

香蕉1根，芝士1块

✂ 工具

磨泥器，面膜碗，面膜棒，水果刀

💧 制作方法

1. 将香蕉去皮，切成小块，捣成果泥状。
2. 将香蕉泥、芝士一同置于面膜碗中，用面膜棒充分搅拌即成。

✖ 使用方法

洁面后，将调好的面膜涂抹在脸上（避开眼部、唇部四周的肌肤），10~15分钟后用温水洗净即可。

😟	各种肤质	🥣	洁净祛痘
🕐	2~3次/周	❄	立即使用

薏米粉绿豆面膜

这款面膜含维生素、叶酸及氨基酸等营养素，能排除肌肤中的毒素，有效改善痘痘及粉刺等肌肤问题。

☘ 材料

薏米粉 20 克，绿豆粉 40 克，纯净水适量

✄ 工具

面膜碗，面膜棒

🌢 制作方法

1. 将薏米粉、绿豆粉倒入面膜碗中。
2. 加入适量清水，用面膜棒充分搅拌，调和成稀薄适中的糊状即成。

✄ 使用方法

洁面后，将调好的面膜涂抹在脸上（避开眼部、唇部四周的肌肤），10~15 分钟后用温水洗净即可。

☹ 各种肤质	🥄 清凉祛痘
🕐 1～3 次 / 周	❄ 冷藏 5 天

☹ 各种肤质	🥄 祛痘美白
🕐 1～2 次 / 周	❄ 冷藏 3 天

绿茶绿豆蜂蜜面膜

这款面膜含茶多酚，能深层净化肌肤，排除肌肤中的毒素，有效改善出痘状况，淡化痘印。

☘ 材料

绿豆粉 50 克，绿茶 1 包，蜂蜜 1 小匙，开水适量

✄ 工具

茶杯，面膜碗，面膜棒

🌢 制作方法

1. 将绿茶包放入茶杯，用开水冲泡，静置 5 分钟，滤取茶汤，放凉待用。
2. 将绿豆粉、绿茶水、蜂蜜倒入面膜碗中。
3. 用面膜棒充分搅拌，调和成糊状即成。

✄ 使用方法

洁面后，将调好的面膜涂抹在脸上（避开眼部、唇部四周的肌肤），10~15 分钟后用温水洗净即可。

土豆片面膜

这款面膜含淀粉和蛋白质，能促进肌肤细胞的生成，软化并清除痘痕。

材料
土豆1个

工具
刀

制作方法
1. 将土豆洗净，不去皮。
2. 用刀将洗净的土豆切成薄片，敷于面部，15分钟后取下即可。

| 各种肤质 | 淡化痘印 |
| 3~5次/周 | 冷藏3天 |

白芷黄瓜柠檬面膜

这款面膜具有活化肌肤表皮细胞的功效，能抑制色素在肌肤的沉淀。

材料
白芷粉20克，黄瓜半根，柠檬1个

工具
面膜碗，面膜棒，水果刀，榨汁机

制作方法
1. 将黄瓜洗净切块，放入榨汁机中榨取汁液。
2. 将柠檬切开，挤出汁液。
3. 将白芷粉、黄瓜汁、柠檬汁倒入面膜碗中，用面膜棒搅拌均匀即成。

| 油性肤质 | 祛痘美白 |
| 1~2次/周 | 冷藏3天 |

| 各种肤质 | 清凉排毒 |
| 2~3次/周 | 冷藏3天 |

冬瓜泥面膜

这款面膜含甘露醇、葫芦素 β 等营养素，能有效清凉排毒，改善暗沉、痤疮等多种肌肤问题。

材料
冬瓜40克

工具
搅拌机，面膜碗，面膜棒，水果刀

制作方法
1. 将冬瓜洗净，去皮去籽，切成小块。
2. 将冬瓜块放入搅拌机中，打成泥状。
3. 将冬瓜泥倒入面膜碗中，用面膜棒搅拌均匀即成。

柠檬草佛手柑面膜

这款面膜具有极佳的消炎修复功效，能去痘除疤。

🍀 材料

柠檬草精油1滴，佛手柑精油2滴，面粉10克，纯净水少量

🗡 工具

面膜碗，面膜棒

💧 制作方法

1. 在面膜碗中加入面粉和适量纯净水。
2. 滴入柠檬草精油、佛手柑精油，用面膜棒搅拌均匀即成。

✖ 使用方法

洁面后，将调好的面膜涂抹在脸上（避开眼部、唇部四周的肌肤），10~15分钟后用温水洗净即可。

😊	干性肤质	🥣	祛痘除疤
🕐	1~2次/周	❄	冷藏1天

芦荟苦瓜面膜

这款面膜含有丰富的芦荟凝胶、多糖、维生素及活性酶成分，具有极佳的消炎杀菌功效，能改善粉刺、痘痘的状况。

🍀 材料

芦荟叶1片，苦瓜半根，蜂蜜适量

🗡 工具

榨汁机，面膜碗，面膜棒，水果刀

💧 制作方法

1. 将芦荟洗净、去皮切块；将苦瓜洗净切块，一同放入榨汁机打成汁。
2. 将芦荟苦瓜汁、蜂蜜一同倒在面膜碗中。
3. 用面膜棒搅拌均匀即成。

✖ 使用方法

洁面后，将调好的面膜涂抹在脸上（避开眼部、唇部四周的肌肤），10~15分钟后用温水洗净即可。

😊	各种肤质	🥣	消炎祛痘
🕐	1~2次/周	❄	冷藏3天

百合双豆面膜

这款面膜含维生素 C、胡萝卜素、B族维生素，能清热解毒、凉血抗敏，不但可深层清洁肌肤，还能抑制痘痘生成。

🍀 **材料**
红豆粉、绿豆粉、百合粉、面粉各 10克，纯净水适量

⚒ **工具**
面膜碗，面膜棒

💧 **制作方法**
在面膜碗中加入红豆粉、绿豆粉、百合粉、面粉和适量的纯净水，用面膜棒搅拌均匀即成。

✂ **使用方法**
洁面后，将调好的面膜涂抹在脸上（避开眼部、唇部四周的肌肤），10~15 分钟后用温水洗净即可。

😐 油性肤质		🥣 排毒祛痘	
🕐 2 ~ 3 次 / 周		❄ 冷藏 7 天	

熏衣草豆粉面膜

这款面膜能有效控制肌肤的油脂分泌，调节肌肤表面水油平衡，起到极佳的祛痘功效，并能润泽肌肤，持久保持肌肤水润。

🍀 **材料**
黄豆粉 20 克，熏衣草精油 1 滴，纯净水适量

⚒ **工具**
面膜碗，面膜棒

💧 **制作方法**
1. 在面膜碗中先加入黄豆粉和适量纯净水。
2. 在面膜碗中滴入熏衣草精油，用面膜棒搅拌均匀即成。

✂ **使用方法**
用温水洁面后，将调好的面膜涂抹在脸上（避开眼部、唇部四周的肌肤），静敷 10~15 分钟，用温水洗净即可。

😐 油性 / 混合性		🥣 祛痘保湿	
🕐 1 ~ 2 次 / 周		❄ 冷藏 1 天	

玉米牛奶面膜

这款面膜含胡萝卜素、硒、镁等营养成分，能有效调节肌肤油脂与水分的动态平衡，防止痘痘生成。

❀ 材料

玉米片 30 克，鲜牛奶 3 大匙

✄ 工具

锅，面膜碗，面膜棒

● 制作方法

1. 将玉米片放入锅中，加入适量水，煮成糊状，晾凉待用。
2. 将玉米糊倒入面膜碗中，加入鲜牛奶。
3. 用面膜棒充分搅拌，调成稀薄适中的糊状即成。

✄ 使用方法

洁面后，将调好的面膜涂抹在脸上（避开眼部、唇部四周的肌肤），10~15 分钟后用温水洗净即可。

😣 各种肤质	🥣 祛痘紧肤
🕐 1~2 次 / 周	❄ 冷藏 3 天

海带面膜

这款面膜能控油补水,让肌肤更水润,同时还能收缩毛孔,镇静消炎,有良好的祛痘效果。

❀ 材料

干海带 10 克，
开水适量

✄ 工具

锅，面膜碗，刀

● 制作方法

1. 将干海带放入锅中，用开水泡发。
2. 将海带洗净，切成大小合适的块状放入面膜碗中即成。

✄ 使用方法

洁面后，将切好的海带贴在脸上（避开眼部、唇部四周的肌肤），10~15 分钟后取下海带用温水洗净即可。

😣 油性肤质	祛痘补水
🕐 1~2 次 / 周	❄ 立即使用

金银花祛痘面膜

这款面膜能深层滋润肌肤，为肌肤提供美白因子，赶走黑色素和细纹，有效祛痘。

❀ 材料

土豆 50 克，面粉、金银花各 15 克，开水适量

✄ 工具

锅，纱布，磨泥器，面膜碗，面膜棒

♦ 制作方法

1. 将土豆煮熟捣成泥状。
2. 将金银花用开水泡开，滤水。
3. 在面膜碗中加入土豆泥、金银花水、面粉，用面膜棒搅拌均匀即成。

☺ 各种肤质	🥣 祛痘美白
🕐 1～2次/周	❄ 冷藏 1 天

玉米片绿豆面膜

这款面膜具有良好的清热排毒、抗衰老功效，可令肌肤变得紧致细腻，富有弹性。

❀ 材料

玉米片、绿豆粉各 15 克，盐 5 克，开水适量

✄ 工具

搅拌机，面膜碗，面膜棒

♦ 制作方法

1. 将玉米片加开水浸泡，搅拌成糊状。
2. 将玉米糊、绿豆粉、盐一同倒入面膜碗中，用面膜棒搅拌均匀即成。

☹ 油性/混合性	🥣 紧肤祛痘
🕐 1～3次/周	❄ 冷藏 5 天

薏米黄豆面膜

这款面膜含净化因子，能有效排除肌肤中的毒素，帮助祛除痘痘。

❀ 材料

黄豆粉 10 克，薏米粉 20 克，纯净水适量

✄ 工具

面膜碗，面膜棒

♦ 制作方法

1. 在面膜碗中加入黄豆粉、薏米粉和适量纯净水。
2. 用面膜棒将其搅拌均匀即成。

☹ 油性/混合性	🥣 祛痘排毒
🕐 1～2次/周	❄ 冷藏 3 天

绿茶珍珠粉面膜

　　这款面膜含丰富的护肤成分，能活化肌肤，排除肌肤中的毒素。

♣ 材料

珍珠粉、绿茶粉各 10 克，纯净水适量

✂ 工具

面膜碗，面膜棒

♦ 制作方法

1. 将珍珠粉、绿茶粉一同倒在面膜碗中。
2. 加入适量纯净水，用面膜棒搅拌均匀即成。

各种肤质		祛痘美白
1～3 次 / 周		冷藏 3 天

三黄去痘面膜

　　这款面膜含大量黄柏碱和黄柏酮，能有效改善肌肤长痘、出粉刺、有暗疮等问题。

♣ 材料

黄芪粉、黄柏粉、黄连粉各 10 克，纯净水适量

✂ 工具

面膜碗，面膜棒

♦ 制作方法

1. 在面膜碗中加入黄芪粉、黄柏粉、黄连粉。
2. 加入适量纯净水，用面膜棒搅拌均匀即成。

各种肤质		抑菌祛痘
1～2 次 / 周		冷藏 3 天

苹果鲜奶面膜

　　这款面膜含果酸和酶，可吸去面部多余油脂，有效控制皮脂分泌。

♣ 材料

苹果 1 个，鲜牛奶 3 大匙

✂ 工具

搅拌器，面膜碗，面膜棒，水果刀

♦ 制作方法

1. 将苹果去皮，洗净后切块，用搅拌器搅成泥。
2. 将果泥、鲜牛奶倒入面膜碗中。
3. 用面膜棒搅拌均匀即成。

干性 / 过敏性		控油平衡
1～2 次 / 周		冷藏 3 天

绿豆粉面膜

这款面膜所含的维生素 E，能阻止人体细胞内不饱和脂肪酸的氧化和分解，清凉排毒。

❀ 材料

绿豆粉 3 大匙，小麦胚芽油 2 滴，鲜牛奶适量

✖ 工具

面膜碗，面膜棒

◈ 制作方法

1. 将绿豆粉、小麦胚芽油、鲜牛奶放入面膜碗内。
2. 用面膜棒调和均匀即成。

各种肤质	排毒祛痘
2～3 次／周	冷藏 3 天

黄瓜玫瑰花面膜

这款面膜含绿原酸和咖啡酸，具抗菌消炎作用，可排毒祛痘。

❀ 材料

黄瓜半根，鲜玫瑰花 1 朵，珍珠粉 2 大匙，水适量

✖ 工具

搅拌器，面膜碗，面膜棒

◈ 制作方法

1. 将玫瑰花瓣及黄瓜放入搅拌器打成糊。
2. 将打好的泥与珍珠粉倒入面膜碗中。
3. 加入适量水，用面膜棒搅拌均匀即可。

各种肤质	抗菌祛痘
1～2 次／周	冷藏 3 天

燕麦酸奶面膜

这款面膜含大量矿物质及维生素衍生物，可为肌肤排毒，减少痤疮的产生。

❀ 材料

燕麦粉 40 克，蜂蜜 1 大匙，酸奶 3 大匙

✖ 工具

面膜碗，面膜棒

◈ 制作方法

1. 将燕麦粉、蜂蜜、酸奶一同倒入面膜碗中。
2. 用面膜棒搅拌均匀即可。

各种肤质	排毒祛痘
1～2 次／周	冷藏 3 天

番茄草莓面膜

这款面膜含维生素 A、果酸及超强抗氧化剂番茄红素等美容成分，具有极佳的洁面、控油及补水功效。

❤ 材料

草莓 3 颗，番茄 1 个，蜂蜜适量

✂ 工具

搅拌机，面膜碗，面膜棒，水果刀

⬤ 制作方法

1. 将草莓洗净，去蒂对切；番茄洗净，去皮及蒂。
2. 将草莓、番茄一同置于搅拌机中，打成泥状。
3. 将果泥倒在面膜碗中，加蜂蜜搅拌成糊状即成。

✂ 使用方法

洁面后，将调好的面膜涂抹在脸上（避开眼部、唇部四周的肌肤），10~15 分钟后用温水洗净即可。

☺ 各种肤质		🥣 控油平衡	
🕐 1~2 次/周		❄ 冷藏 3 天	

鱼腥草黄瓜面膜

这款面膜含有丰富的果酸和抗菌成分，能深层净化毛孔中的毒素，具有良好的消炎抗菌功效，能有效改善肌肤长痘问题。

❤ 材料

鱼腥草 30 克，黄瓜 1 根，清水适量

✂ 工具

榨汁机，锅，纱布，水果刀

⬤ 制作方法

1. 将鱼腥草洗净后放入锅中，加入适量清水，煮沸后滤出汁液，放凉待用。
2. 将黄瓜洗净切块，榨取汁液。
3. 将黄瓜汁与鱼腥草汁调匀即成。

✂ 使用方法

洁面后，将面膜纸浸泡在面膜汁中，令其浸满涨开，取出贴敷在面部，10~15 分钟后揭下面膜，用温水洗净即可。

☹ 油性肤质		🥣 消炎祛痘	
🕐 1~2 次/周		❄ 冷藏 2 天	

双花排毒美颜面膜

这款面膜含天然祛痘成分，能清洁毛孔油垢，排出肌肤毒素，有效祛痘。

♣ 材料
干桃花、干杏花各 10 克，白酒 1 小匙

✄ 工具
磨泥器，面膜碗，面膜棒，面膜纸

● 制作方法
1. 将干杏花、干桃花磨粉，置于面膜碗中。
2. 加入白酒，用面膜棒搅拌均匀。
3. 在调好的面膜中浸入面膜纸，泡开即成。

😐 各种肤质	🥣 补水祛痘
🕐 2 ~ 3 次 / 周	❄ 冷藏 7 天

桃花糙米面膜

这款面膜含天然祛痘成分，能深层清洁肌肤，排出毛孔中的油垢，有效祛痘。

♣ 材料
糙米 50 克，干桃花 20 克

✄ 工具
锅，面膜碗，面膜纸

● 制作方法
1. 将干桃花、糙米洗净，加水煮沸，晾凉。
2. 倒入面膜碗中，浸入面膜纸，泡开即成。

😐 各种肤质	🥣 控油祛痘
🕐 2 ~ 3 次 / 周	❄ 冷藏 5 天

😐 各种肤质	🥣 清洁祛痘
🕐 1 ~ 2 次 / 周	❄ 冷藏 5 天

红提奶粉面膜

这款面膜含维生素 B_3 及矿物质，可深层清洁肌肤，促进细胞更新，消除痘印。

♣ 材料
红提 10 粒，甘油 3 滴，奶粉 2 大匙

✄ 工具
榨汁机，面膜碗，面膜棒

● 制作方法
1. 将红提去皮去籽，放入榨汁机中打成汁。
2. 将果汁、奶粉及甘油倒入面膜碗中。
3. 用面膜棒调成糊状即可。

薄荷柠檬面膜

薄荷性寒、味辛，具有独特的清凉感及渗透能力，能收缩微血管，舒缓镇静敏感的肌肤，排除肌肤中的毒素，清除毛孔中的污垢与油腻，改善黑头、粉刺等多种肌肤问题，令肌肤柔嫩清透。

😊 各种肤质
🕐 1～2次/周
🍵 祛痘排毒
❄️ 立即使用

🍀 **材料**
柠檬1个，薄荷叶3克

✂️ **工具**
锅，榨汁机，面膜碗，面膜棒，面膜纸

💧 **制作方法**
1. 将薄荷叶放入锅中，加水煮，取汁。

2. 柠檬榨汁，倒入面膜碗中，加薄荷水搅拌均匀。

3. 在调好的面膜中浸入面膜纸，泡开即成。

✂️ **使用方法**
洁面后，将浸泡好的面膜纸取出，敷在脸上，挤出气泡，压平面膜纸，静待10~15分钟后取下，用温水洗净即可。

美丽提示

该款面膜适用于各种肤质，但为避免肌肤的不适反应，在敷用该面膜之前，最好先进行肌肤的敏感测试，以确定不过敏才能使用。同时，在敷用过程中和敷面之后半小时内，应尽量避光。

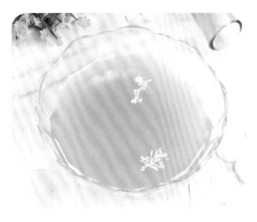

南瓜叶白酒面膜

这款面膜中的酒精成分具有消毒杀菌、清洁净化及天然去油污的功效，特别适合有粉刺、暗疮的肌肤患者使用。

♣ 材料

南瓜叶 20 克，白酒 100 毫升，清水适量

✂ 工具

密封坛子，面膜碗，面膜纸，纱布

♦ 制作方法

1. 将南瓜叶摘洗干净，清除枯黄、腐烂的部分。
2. 将洗净的南瓜叶浸泡入白酒中，密封静置7天。
3. 滤取南瓜叶酒汁，加入适量清水，放入面膜纸泡开即可。

☺ 各种肤质		🥣 控油祛痘	
🕐 1 ~ 3 次 / 周		❄ 冷藏 3 天	

蒲公英面膜

这款面膜能深层清洁、滋润肌肤，并能减少肌肤分泌多余油脂，有效控油祛痘。

♣ 材料

干蒲公英 30 克，绿豆 20 克，清水适量

✂ 工具

锅，纱布，面膜碗，面膜棒，面膜纸

♦ 制作方法

1. 将蒲公英、绿豆分别加水煮后，滤水，置于面膜碗中。
2. 将两种汁液搅拌均匀后浸入面膜纸，泡开即成。

☺ 各种肤质		🥣 祛痘清洁	
🕐 1 ~ 2 次 / 周		❄ 冷藏 2 天	

☺ 中性 / 混合性		🥣 祛痘祛斑	
🕐 1 ~ 2 次 / 周		❄ 冷藏 3 天	

益母草莴笋蜂蜜面膜

这款面膜含有丰富的益母草碱，能清热解毒，美容护肤，有效去除色斑。

♣ 材料

益母草 5 克，蜂蜜 1 小匙，莴笋 30 克

✂ 工具

锅，榨汁机，纱布，面膜碗，面膜棒，面膜纸

♦ 制作方法

1. 将益母草加水煮后，滤水；将莴笋榨汁，滤水。
2. 将益母草水、莴笋汁与蜂蜜一同倒入面膜碗中，搅拌后浸入面膜纸，泡开即成。

芦荟排毒面膜

这款面膜含氧化氢酶、维生素 A、B 族维生素、半胱氨酸以及大量矿物质，能消除超氧化物自由基，从而去痘排毒，令肌肤光洁亮丽。

✿ 材料
新鲜芦荟叶两片

✂ 工具
水果刀，透气胶布，纱布

⚗ 制作方法
1. 将芦荟叶去皮，取果肉，切成小块。
2. 将果肉用纱布包裹即成。

❈ 使用方法
用透气胶布将芦荟贴在痘痘上，隔 1 天即可消炎去肿。

😐 油性肤质		🥣 消炎祛痘	
🕐 2 ~ 3 次 / 周		❄ 冷藏 3 天	

金银花消炎面膜

金银花含绿原酸，能抗菌消炎、杀灭病毒。还含有皂苷、肌醇、挥发油及黄酮等，可治疗青春痘、面疱、扁平疣等。

✿ 材料
干金银花 15 克，茶树精油 1 滴，清水适量

✂ 工具
砂锅，纱布，面膜碗，面膜棒，面膜纸

⚗ 制作方法
1. 将金银花洗净，放入砂锅，加适量水煎煮 20 分钟，以干净纱布滤取药汁，放凉备用。
2. 将药汁倒入面膜碗中，滴入茶树精油，用面膜棒调匀，放入面膜纸泡开即成。

❈ 使用方法
洁面后，将浸泡好的面膜取出，敷在脸上，挤出气泡，压平面膜，静待 10~15 分钟后取下面膜，用温水洗净即可。

😐 各种肤质		🥣 消炎杀毒	
🕐 1 ~ 2 次 / 周		❄ 冷藏 1 天	

桃仁山楂面膜

山楂中含维生素C、山楂酸、酒石酸、柠檬酸、苹果酸及矿物质等营养成分，能深层清洁肌肤，令肌肤清透润泽。

♣ 材料
山楂 30 克，桃仁粉、面粉各 10 克，纯净水适量

✄ 工具
榨汁机，面膜碗，面膜棒

♦ 制作方法
1. 将山楂洗净，榨汁，置于面膜碗中。
2. 在面膜碗中加入桃仁粉、面粉、适量纯净水，用面膜棒搅拌均匀即成。

✄ 使用方法
用温水洁面后，将调好的面膜涂抹在脸上（避开眼部、唇部四周的肌肤），静敷 10~15 分钟后用温水洗净即可。

☺ 各种肤质	⚱ 保湿祛痘
⏱ 1~3 次 / 周	❄ 冷藏 5 天

黄连丝瓜面膜

黄连可清热解毒，具有杀菌、抑制青春痘、抑菌及收敛毛孔的功效。丝瓜中含蛋白质、果胶、皂角素、植物黏液、木糖胶、脂肪等，可消炎、镇定，并可为肌肤更新提供充足的养分。

♣ 材料
黄连粉 40 克，丝瓜半根

✄ 工具
水果刀，榨汁机，面膜碗，面膜棒

♦ 制作方法
1. 将丝瓜去皮，洗净后切块，用榨汁机榨汁。
2. 将黄连粉倒入面膜碗中，加入丝瓜汁，用面膜棒搅拌均匀即可。

✄ 使用方法
洁面后，将调好的面膜涂抹在脸上（避开眼部、唇部四周的肌肤），10~15 分钟后用温水洗净即可。

☺ 各种肤质	⚱ 镇定消炎
⏱ 1~2 次 / 周	❄ 冷藏 5 天

慈姑白醋面膜

这款面膜能清洁肌肤，减少多余油脂分泌，有效祛痘的同时还能美白肌肤。

♣ 材料

慈姑粉 30 克，白醋 2 小匙

✂ 工具

面膜碗，面膜棒，面膜纸

💧 制作方法

1. 在面膜碗中加入慈姑粉、白醋，用面膜棒搅拌。
2. 在调好的面膜中浸入面膜纸，泡开即成。

✂ 使用方法

洁面后，将浸泡好的面膜取出，敷在脸上，挤出气泡，压平面膜，静待 10~15 分钟后取下，用温水洗净即可。

 各种肤质   祛痘美白

🕐 1~3 次 / 周   ❄ 冷藏 3 天

冰片细盐面膜

细盐具有杀菌、消炎、排毒的作用，可以消除毛孔中积聚的油脂、粉刺、黑头以及皮肤表面的角质和污垢。冰片可促进肌肤的呼吸和新陈代谢。细盐与冰片结合可防治青春痘。

♣ 材料

细盐 1 大匙，鸡蛋 2 个，冰片 3 小匙

✂ 工具

面膜碗，面膜棒

💧 制作方法

1. 将鸡蛋敲破，滤取蛋清，搅打成泡沫状。
2. 将细盐、蛋清、冰片在面膜碗中混合，用面膜棒拌匀成膏状即可。

✂ 使用方法

洁面后，将调好的面膜涂抹在脸上（避开眼部、唇部四周的肌肤），10~15 分钟后用温水洗净即可。

😐 各种肤质   消炎祛痘

🕐 1~2 次 / 周   ❄ 冷藏 3 天

绿茶清洁面膜

　　绿茶粉所含的单宁酸可收缩肌肤，有助于养颜润肤。除能美白肌肤以外，还具有杀菌作用，对粉刺化脓也有特效。

❀ 材料

绿茶粉、绿豆粉各30克，鸡蛋1个

✄ 工具

面膜碗，面膜棒

♦ 制作方法

1. 将鸡蛋磕开，滤取蛋清，打散。
2. 将绿茶粉、绿豆粉放入面膜碗中，加入蛋清和适量水，用面膜棒搅拌均匀即可。

✄ 使用方法

洁面后，将调好的面膜涂抹在脸上（避开眼部、唇部四周的肌肤），10~15分钟后用温水洗净即可。

😑	油性肤质	⚱	消除粉刺
🕐	1~2次/周	❄	冷藏3天

黄连苦瓜面膜

　　苦瓜营养丰富，含有多种氨基酸、维生素及矿物质，能增强细胞活力，促进肌肤新生、伤口愈合，有助于粉刺的消除。黄连具清热祛湿、泻火解毒之功效。二者结合可抑制青春痘的产生。

❀ 材料

黄莲粉、绿豆粉各20克，苦瓜1块

✄ 工具

榨汁机，面膜碗，面膜棒

♦ 制作方法

1. 将苦瓜洗净去籽，放入榨汁机榨取汁液。
2. 将黄莲粉、绿豆粉、苦瓜汁一同放入面膜碗中，充分搅拌，调成糊状即可。

✄ 使用方法

洁面后，将调好的面膜涂抹在脸上（避开眼部、唇部四周的肌肤），10~15分钟后用温水洗净即可。

😑	油性肤质	⚱	排毒消痘
🕐	1~2次/周	❄	冷藏3天

生菜去粉刺面膜

　　这款面膜含莴苣素，有镇定、消炎之功效，可有效治疗痤疮。

♣ 材料

生菜1棵

✄ 工具

锅，纱布，面膜碗，面膜纸

♦ 制作方法

1. 将生菜叶捣碎，加少量水，煮5分钟。
2. 将叶子捞出，汤汁滤入面膜碗，将面膜纸浸泡在里面。

各种肤质	消炎抗痘
1~2次/周	冷藏2天

陈醋蛋清面膜

　　这款面膜可清热解毒，有效抑制青春痘的生长，同时滋润和修复受损肌肤。

♣ 材料

鸡蛋2个，陈醋5大匙

✄ 工具

罐子，面膜纸

♦ 制作方法

1. 将鸡蛋整颗放入陈醋内，浸泡72小时。
2. 取出鸡蛋，磕开，滤取蛋清。
3. 将蛋清搅拌均匀，直接涂于面部（避开眼部唇部四周的肌肤），15分钟后用清水洗净即可。

油性肤质	控痘消痘
1~2次/周	冷藏3天

油性肤质	祛痘排毒
1~3次/周	冷藏1天

重楼丹参面膜

　　这款面膜能消炎去脓，活血化淤，从而解决皮肤的痘痘、脓疮、痘印等问题。

♣ 材料

重楼15克，丹参30克，蜂蜜2小匙，清水适量

✄ 工具

锅，纱布，面膜碗，面膜棒，面膜纸

♦ 制作方法

1. 将重楼、丹参洗净，煮水。
2. 沸腾20分钟，滤水，置于面膜碗。
3. 在面膜碗中加入蜂蜜，搅拌均匀。
4. 在调好的面膜中浸入面膜纸，泡开即成。

紫草大黄面膜

这款面膜能迅速改善痘痘肌肤的状况，促进肌肤新陈代谢，调节油脂分泌，抑制痘痘生成，并能淡化痘印，恢复肌肤完美状态。

❧ 材料

紫草、大黄各 20 克，玉米油 2 小匙

✂ 工具

锅，纱布，面膜碗，面膜棒，面膜纸

♦ 制作方法

1. 将紫草、大黄洗净，加水煮后，用纱布滤出中药水。
2. 在面膜碗中加入中药水、玉米油，用面膜棒搅拌均匀。
3. 在调好的面膜中浸入面膜纸，泡开即成。

✖ 使用方法

洁面后，将浸泡好的面膜取出敷在脸上，压平面膜，10~15 分钟后取下面膜，用温水洗净即可。

😐 各种肤质		🥣 消炎祛痘	
🕐 2～3 次 / 周		❄ 冷藏 1 天	

黄连黄芩面膜

这款面膜含黄连碱，能有效帮助肌肤排除毒素，深层净化肌肤，并能平衡肌表水油平衡，解决油腻、痘痘等肌肤问题。

❧ 材料

黄连、黄芩各 15 克，淀粉 10 克、蜂蜜 2 小匙

✂ 工具

锅，纱布，面膜碗，面膜棒，面膜纸

♦ 制作方法

1. 将黄连、黄芩加水煮后，用纱布滤出中药水。
2. 在面膜碗中加入中药水、淀粉、蜂蜜，用面膜棒搅拌均匀。
3. 在调好的面膜中浸入面膜纸，泡开即成。

✖ 使用方法

洁面后，将浸泡好的面膜取出敷在脸上，压平面膜，10~15 分钟后取下面膜，用温水洗净即可。

😐 各种肤质		🥣 控油祛痘	
🕐 2～3 次 / 周		❄ 冷藏 3 天	

大蒜蜂蜜面膜

　　这款面膜具有极佳的抑菌作用，能有效排除肌肤毒素，抑制痤疮、粉刺的生成，令肌肤变得更加细腻光洁。

❀ 材料

大蒜 25 克，蜂蜜 1 大匙

✖ 工具

磨泥器，面膜碗，面膜棒

● 制作方法

1. 将大蒜去皮洗净，用磨泥器研成蒜泥。
2. 将蒜泥、蜂蜜倒在面膜碗中，用面膜棒搅拌均匀即成。

✖ 使用方法

洁面后，将调好的面膜涂抹在脸上（避开眼部、唇部四周的肌肤），10~15 分钟后用温水洗净即可。

😐	油性肤质	🥣	抑菌祛痘
🕐	1～2 次 / 周	❄	冷藏 1 天

红薯酸奶面膜

　　这款面膜能深层清洁肌肤，清除肌肤毛孔中的油腻与污垢，调节肌肤油脂分泌，改善痘痘、粉刺等肌肤问题。

❀ 材料

红薯 1 个，酸奶 3 大匙

✖ 工具

锅，面膜碗，面膜棒，磨泥器，水果刀

● 制作方法

1. 把红薯洗净去皮，入锅蒸至软烂，取出捣泥。
2. 将红薯泥、酸奶一同倒在面膜碗中，用面膜棒充分搅拌即成。

✖ 使用方法

洁面后，将调好的面膜涂抹在脸上（避开眼部、唇部四周的肌肤），10~15 分钟后用温水洗净即可。

😐	油性肤质	🥣	祛除痘痘
🕐	1～2 次 / 周	❄	冷藏 3 天

金盏花祛痘面膜

金盏花有很强的愈合能力，可杀菌、收敛伤口，改善青春痘、暗疮和毛孔粗大问题。

❀ 材料
干金盏花 15 克，柠檬汁 5 滴，奶酪 1 小片

✄ 工具
面膜碗，面膜棒

💧 制作方法
1. 将干金盏花用开水冲泡，静置 8 分钟，取茶汤备用。
2. 将柠檬汁、奶酪、茶汤一同放入面膜碗中，用面膜棒充分搅拌均匀即成。

| ☺ 中性 / 油性肤质 | ⚕ 杀菌祛痘 |
| ⏱ 1～3 次 / 周 | ❄ 冷藏 2 天 |

绿豆盐粉面膜

绿豆含蛋白质、脂肪和胡萝卜素等成分，能排出肌肤的毒素，去除老化角质。

❀ 材料
绿豆粉 35 克，养乐多 1 大匙，细盐 1 小匙

✄ 工具
面膜碗，面膜棒

💧 制作方法
1. 将绿豆粉、养乐多、细盐一同放入面膜碗中。
2. 用面膜棒充分搅拌，调成泥即可。

| ☺ 各种肤质 | ⚕ 排毒祛痘 |
| ⏱ 1～3 次 / 周 | ❄ 冷藏 5 天 |

银耳冰糖面膜

这款面膜富含的粗纤维可以镇定、消炎、滋养肌肤，对消除痘痘十分有效。

❀ 材料
银耳 3 朵，冰糖 15 克，水适量

✄ 工具
面膜碗，面膜纸，锅

💧 制作方法
将银耳、冰糖一同放入锅中，加适量水熬成黏稠的汁，盛入面膜碗中，放入面膜纸泡开即可。

| ☺ 油性肤质 | ⚕ 消炎祛痘 |
| ⏱ 2～3 次 / 周 | ❄ 冷藏 3 天 |

柠檬果泥面膜

柠檬含有大量的柠檬烯、苦素、枸橼酸和维生素等物质，可调节肌肤水油平衡，清除毒素，抑制青春痘。

♣ 材料

梨1个，柠檬汁、面粉各适量

✂ 工具

搅拌机，面膜碗，面膜棒

● 制作方法

1. 将梨去皮去籽，切块入搅拌机打成泥。
2. 将梨泥、柠檬汁和面粉放入面膜碗中，用面膜棒充分搅拌成糊状即成。

☺ 油性肤质	🥣 平衡水油
🕐 1～2次/周	❄ 冷藏3天

胡萝卜啤酒面膜

这款面膜含胡萝卜素和B族维生素，可以清除肌肤的老化角质，对油腻、长痘痘的肌肤也有镇静舒缓的功效。

♣ 材料

胡萝卜半根，柠檬汁、酸奶、啤酒适量

✂ 工具

搅拌机，面膜碗，面膜棒，水果刀

● 制作方法

1. 将胡萝卜洗净切块，入搅拌机打成泥。
2. 将胡萝卜泥、柠檬汁、酸奶、啤酒倒入面膜碗中，用面膜棒充分搅拌均匀即成。

☺ 各种肤质	🥣 舒缓肌肤
🕐 2～3次/周	❄ 冷藏3天

☺ 各种肤质	🥣 控痘美白
🕐 1～2次/周	❄ 冷藏5天

白果紫草鸡蛋面膜

这款面膜含蛋白质、脂肪、氨基酸、胡萝卜素等，可清洁肌肤，杀菌消炎，减少青春痘的产生。

♣ 材料

白果粉、紫草粉各5克，鸡蛋1个

✂ 工具

面膜碗，面膜棒

● 制作方法

1. 将鸡蛋敲破，滤取蛋清，打散。
2. 将白果粉、紫草粉放入面膜碗中，加入蛋清搅拌均匀即可。

西洋菜黄瓜面膜

这款面膜所含的维生素和粗纤维能促进肌肤的新陈代谢与血液循环，可有效排除肌肤中的毒素与多余水分，改善肌肤油腻、角质沉积与毛细孔堵塞等状况，强效清透毛孔，减少痘痘、色斑等肌肤问题。

- 😐 各种肤质
- 🕐 1~2次/周
- 🎭 控油去痘
- ❄ 冷藏2天

 材料
西洋菜30克，黄瓜汁2小匙，鸡蛋1个，面粉适量

工具
搅拌器，面膜碗，面膜棒，刀

制作方法

1. 将西洋菜洗净切碎，放入搅拌器中搅打成泥；鸡蛋磕开取蛋黄。

2. 把西洋菜泥、黄瓜汁、蛋黄倒入面膜碗中。

3. 加入适量面粉，用面膜棒拌匀即成。

使用方法
洁面后，将调好的面膜涂抹在脸上（避开眼部、唇部四周的肌肤），10~15分钟后用温水洗净即可。

美丽提示

涂抹此类泥状面膜时，不妨涂抹得厚一点。因为厚厚的面膜敷在脸部时，可使肌肤温度上升，促进血液循环，让面膜中的营养更好地被肌肤吸收。温热效果还会使角质软化，毛孔扩张，让堆积在里面的污垢得以排出。

蜂蜜双仁面膜

这款面膜能深层净化肌肤,清除肌肤表面的老废角质与毛孔中的杂质,消炎祛痘。

❧ 材料

蜂蜜 2 小匙,冬瓜仁粉、桃仁粉各 15 克,纯净水适量

✂ 工具

面膜碗,面膜棒

♦ 制作方法

1. 在面膜碗中加入蜂蜜、冬瓜仁粉、桃仁粉。
2. 加入适量纯净水,用面膜棒搅拌均匀即成。

☺ 油性肤质		🥣 控油祛痘	
🕐 1~3 次 / 周		❄ 冷藏 3 天	

猕猴桃面粉面膜

这款面膜含维生素、果酸等营养素,可排除肌肤中的毒素,有效预防痘痘。

❧ 材料

猕猴桃 1 个,面粉 30 克,清水适量

✂ 工具

搅拌机,面膜碗,面膜棒

♦ 制作方法

1. 将猕猴桃洗净去皮,搅拌成泥,置于面膜碗中。
2. 加入面粉、水,用面膜棒搅拌均匀即成。

☺ 各种肤质		🥣 排毒祛痘	
🕐 1~3 次 / 周		❄ 冷藏 5 天	

柚子燕麦面膜

这款面膜能软化并清除肌表的老废角质,活化表皮细胞,深层清洁皮肤,抑制黑色素生成,令肌肤清透润泽、白皙无瑕。

❧ 材料

柚子 1 个,燕麦粉 50 克,清水适量

✂ 工具

榨汁机,面膜碗,面膜棒

♦ 制作方法

1. 将柚子去皮,榨汁待用。
2. 将柚子汁、燕麦粉倒入面膜碗中。
3. 加入适量水,用面膜棒搅拌均匀即成。

☺ 各种肤质		🥣 深层清洁	
🕐 1~2 次 / 周		❄ 冷藏 3 天	

10

收缩毛孔面膜
Pore-shrinking Mask

收缩毛孔 x 缔造美肌

收缩毛孔面膜能给肌肤带来很好的美容效果，通过深层清洁毛孔中的污垢与多余油脂，并有效软化肌肤表面的老废角质，改善肌肤表面的水油平衡，抑制油脂的过多分泌，有效收缩粗大的毛孔，令肌肤细致无瑕。

黄瓜酸奶面膜

这款面膜含有丰富的维生素、胡萝卜素、果酸、黄瓜酶及微量元素硒、镁等营养美容成分，有极好的抗衰老功效，能有效收细粗大毛孔，淡化鱼尾纹与法令纹，还能促进肌肤细胞的新陈代谢，清热排毒，令肌肤变得紧致细腻，富有弹性。

😐 各种肤质

🕐 1~3次/周

🥣 收缩毛孔

❄️ 冷藏3天

🍀 **材料**

黄瓜半根，嫩玉米1个，酸奶2大匙

✂️ **工具**

搅拌器，面膜碗，面膜棒，水果刀

💧 **制作方法**

1. 将黄瓜洗净切块；掰下玉米粒，然后与黄瓜块一同放入搅拌器打成泥。

2. 将打好的黄瓜玉米泥和酸奶倒入面膜碗，用面膜棒充分搅拌均匀即成。

✂️ **使用方法**

洁面后，将调好的面膜涂抹在脸上（避开眼部、唇部四周的肌肤），10~15分钟后用温水洗净即可。

美丽提示

黄瓜极具美容效果，被称为"厨房里的美容剂"，经常食用或制成面膜敷用，可有效收紧肌肤，对抗皮肤老化，减少皱纹，并可防止唇炎、口角炎。

柳橙番茄面膜

这款面膜含有丰富的果酸及维生素等美肤成分，能去除肌肤毛孔中过多的油脂与杂质，有效帮助收缩粗大的毛孔。

❦ 材料

番茄 1 个，柳橙 1 个，面粉 20 克

✄ 工具

搅拌器，面膜碗，面膜棒，水果刀

◐ 制作方法

1. 将番茄洗净，去皮及蒂；柳橙洗净，去皮。
2. 将番茄、柳橙一同放入榨汁机榨取果汁。
3. 将番茄汁、柳橙汁、面粉一同倒在面膜碗中，用面膜棒拌匀即成。

✄ 使用方法

洁面后，将调好的面膜涂抹在脸上（避开眼部、唇部四周的肌肤），10~15 分钟后用温水洗净即可。

☹	各种肤质	🥣	收缩毛孔
🕐	1~3 次/周	❄	冷藏 3 天

西洋菜苹果面膜

这款面膜能提供肌肤角质细胞所需的各种养分，促进角质细胞新陈代谢，改善肌肤松弛现象，使肌肤变得细腻、富有光泽。

❦ 材料

苹果半个，西洋菜 30 克，柠檬汁 1 大匙

✄ 工具

搅拌器，面膜碗，面膜棒，刀

◐ 制作方法

1. 将西洋菜洗净切碎；苹果洗净去核，切碎。
2. 把西洋菜、苹果放入搅拌器中，搅拌成泥。
3. 将果泥倒入面膜碗，加入柠檬汁，用面膜棒拌匀即成。

✄ 使用方法

洁面后，将调好的面膜涂抹在脸上（避开眼部、唇部四周的肌肤），10~15 分钟后用温水洗净即可。

☹	各种肤质	🥣	收缩毛孔
🕐	1~3 次/周	❄	冷藏 1 天

白醋黄瓜面膜

这款面膜富含天然果酸、维生素及水分，能深层清洁肌肤，排除肌肤中的毒素与多余水分，令肌肤紧致细嫩。

❤ 材料

黄瓜1根，鸡蛋1个，白醋2小匙

✂ 工具

榨汁机，面膜碗，面膜棒，水果刀，面膜纸

● 制作方法

1. 将黄瓜洗净切块，放入榨汁机中，榨取汁液。
2. 将鸡蛋磕开，滤取蛋清，打散。
3. 将黄瓜汁、蛋清、白醋放入面膜碗中，用面膜棒搅拌均匀即成。

✄ 使用方法

洁面后，将面膜纸浸泡在面膜汁中，令其浸满涨开，取出贴敷在面部，10~15分钟后揭下面膜，温水洗净即可。

☺ 各种肤质	🥣 净化清洁
🕐 1~2次/周	❄ 冷藏3天

猕猴桃珍珠粉面膜

这款面膜含维生素C、大量水分及果酸等营养素，能畅通毛孔，提升肌肤储水能力，帮助收缩粗大的毛孔。

❤ 材料

猕猴桃1个，鸡蛋1个，珍珠粉20克

✂ 工具

搅拌器，面膜碗，面膜棒

● 制作方法

1. 将猕猴桃洗净去皮，入搅拌器打成泥。
2. 将鸡蛋磕开，滤取蛋清，打至泡沫状。
3. 将猕猴桃泥、蛋清、珍珠粉倒入面膜碗中，用面膜棒调匀即成。

✄ 使用方法

洁面后，将调好的面膜涂抹在脸上（避开眼部、唇部四周的肌肤），10~15分钟后用温水洗净即可。

☺ 各种肤质	🥣 收缩毛孔
🕐 1~2次/周	❄ 冷藏2天

☺ 各种肤质	🥣 缩小毛孔
🕐 1~2次/周	❄ 冷藏3天

椰汁芦荟面膜

这款面膜含有大量的维生素、果酸，能收紧粗大的毛孔。

♣ 材料
芦荟叶1片，椰汁2大匙，绿豆粉40克

✄ 工具
榨汁机，面膜碗，面膜棒，水果刀

♨ 制作方法
1. 将芦荟叶去皮洗净、切块，入榨汁机榨取芦荟汁。
2. 将芦荟汁、椰汁、绿豆粉一同倒在面膜碗中。
3. 用面膜棒充分搅拌，调和成稀薄适中的糊状即成。

番茄醪糟面膜

这款面膜具有良好的收敛、抗老化作用，可令皮肤细腻紧致。

♣ 材料
番茄1个，醪糟30克，纯净水适量

✄ 工具
搅拌器，面膜碗，面膜棒

♨ 制作方法
1. 将番茄洗净，去皮及蒂，于搅拌器中打成泥。
2. 将番茄泥、醪糟一同倒入面膜碗中。
3. 加入少许水，用面膜棒搅拌均匀即成。

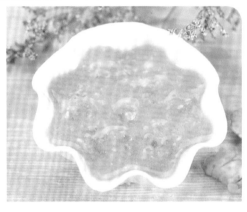

☹ 各种肤质	🥣 收敛紧肤
🕐 1~2次/周	❄ 冷藏3天

☹ 各种肤质	🥣 收缩毛孔
🕐 2~3次/周	❄ 冷藏3天

佛手瓜面粉面膜

这款面膜能深层清洁肌肤，并能紧致肌肤，收缩粗大的毛孔，令肌肤更加细腻。

♣ 材料
佛手瓜100克，面粉15克

✄ 工具
榨汁机，面膜碗，面膜棒，刀

♨ 制作方法
1. 将佛手瓜洗净，切片，榨汁。
2. 在面膜碗中加入佛手瓜汁和面粉，用面膜棒搅拌均匀即成。

柠檬燕麦蛋清面膜

这款面膜含果酸及矿物质,能有效洁净肌肤,排除肌肤毒素,收缩粗大的毛孔。

🍀 **材料**

柠檬1个,鸡蛋1个,燕麦粉50克

✄ **工具**

面膜碗,面膜棒,水果刀

💧 **制作方法**

1. 将柠檬洗净切开,挤汁待用。
2. 将鸡蛋磕开,滤取蛋清,打至泡沫状。
3. 将柠檬汁、燕麦粉、蛋清倒入面膜碗中,用面膜棒调匀即成。

| 😐 各种肤质 | 🥣 收缩毛孔 |
| 🕐 1~2次/周 | ❄ 冷藏1天 |

冬瓜牛奶面膜

这款面膜能抑制油脂的过多分泌,从而有效收缩粗大的毛孔,细致肌肤。

🍀 **材料**

冬瓜50克,鲜牛奶2大匙,面粉30克

✄ **工具**

搅拌器,面膜碗,面膜棒,水果刀

💧 **制作方法**

1. 将冬瓜洗净,去皮切块,放入搅拌器打成泥。
2. 将冬瓜泥、鲜牛奶、面粉倒入面膜碗中。
3. 用面膜棒搅拌均匀即成。

| 😐 各种肤质 | 🥣 收缩毛孔 |
| 🕐 1~2次/周 | ❄ 冷藏3天 |

葡萄柚莲子面膜

这款面膜含有丰富的果酸及维生素,能软化并清除老废角质,收缩毛孔。

🍀 **材料**

葡萄柚50克,莲子粉、山药粉各10克,纯净水适量

✄ **工具**

搅拌器,面膜碗,面膜棒

💧 **制作方法**

1. 葡萄柚去皮和籽,取果肉,搅拌成泥,置于面膜碗中。
2. 在面膜碗中加入莲子粉、山药粉、适量纯净水,用面膜棒搅拌均匀即成。

| 😐 油性肤质 | 🥣 收缩毛孔 |
| 🕐 1~3次/周 | ❄ 冷藏3天 |

酸奶玉米粉面膜

　　这款面膜富含乳酸及净化因子，能深层净化肌肤，清除肌肤毛孔中的油污，收细毛孔，令肌肤紧致细腻。

❀ 材料
玉米粉 50 克，酸奶 4 大匙

✄ 工具
面膜碗，面膜棒

◗ 制作方法
1. 将玉米粉倒入面膜碗中。
2. 加入酸奶。
3. 用面膜棒充分搅拌，调成稀薄适中的糊状即成。

✄ 使用方法
洁面后，将调好的面膜涂抹在脸上（避开眼部、唇部四周的肌肤），10~15 分钟后用温水洗净即可。

☺ 各种肤质	🥄 收缩毛孔
🕐 3~4 次 / 周	❄ 冷藏 3 天

蛋清面膜

　　这款面膜含有丰富的营养成分，能收缩粗大的毛孔，有效紧致肌肤。

❀ 材料
鸡蛋 1 个

✄ 工具
面膜碗，面膜棒

◗ 制作方法
1. 将鸡蛋磕开，取鸡蛋清，置于面膜碗中。
2. 用面膜棒充分搅拌均匀即成。

✄ 使用方法
洁面后，将调好的面膜涂抹在脸上（避开眼部、唇部四周的肌肤），10~15 分钟后用温水洗净即可。

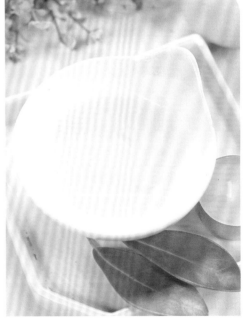

☺ 各种肤质	🥄 收缩毛孔
🕐 1~2 次 / 周	❄ 冷藏 1 天

牛奶黄豆蜂蜜面膜

这款面膜能去除毛孔中的杂质，帮助抑制油脂的过多分泌，有效收缩粗大的毛孔。

🍀 **材料**

黄豆粉、面粉各 15 克，鲜牛奶、蜂蜜各 2 小匙

✄ **工具**

面膜碗，面膜棒

🖌 **制作方法**

1. 在面膜碗中先加入黄豆粉、面粉、鲜牛奶，适当搅拌。
2. 在面膜碗中加入蜂蜜，继续调匀即成。

😐 油性肤质		🥣 收缩毛孔	
🕐 1～3 次 / 周		❄ 冷藏 3 天	

红薯苹果面膜

这款面膜能有效紧致肌肤，收缩粗大的毛孔，令肌肤变得细腻、清透。

🍀 **材料**

红薯 1 个，苹果半个

✄ **工具**

搅拌器，锅，面膜碗，面膜棒，水果刀

🖌 **制作方法**

1. 将苹果洗净切块，放入搅拌器搅打成泥。
2. 将红薯洗净去皮，入锅蒸至熟软，捣成泥。
3. 把苹果泥、红薯泥放入面膜碗中，用面膜棒拌匀即成。

😐 各种肤质		🥣 细致毛孔	
🕐 1～2 次 / 周		❄ 冷藏 3 天	

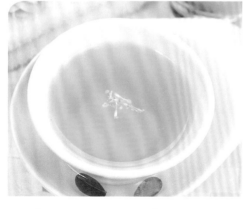

啤酒面膜

这款面膜含活性酶、氨基酸，能促进肌肤的新陈代谢，帮助收缩粗大毛孔。

🍀 **材料**

啤酒 100 毫升

✄ **工具**

面膜碗，面膜纸

🖌 **制作方法**

1. 在面膜碗中倒入啤酒。
2. 在啤酒中浸入面膜纸，泡开即成。

😐 各种肤质		🥣 收细毛孔	
🕐 1～3 次 / 周		❄ 冷藏 3 天	

绿茶蜂蜜面膜

　　这款面膜含丰富的丹宁、儿茶素，能安抚镇静肌肤，收缩粗大毛孔。

♣ 材料
绿茶粉 30 克，蜂蜜 2 小匙，纯净水适量

✂ 工具
面膜碗，面膜棒

◑ 制作方法
1. 在面膜碗中加入绿茶粉、适量纯净水。
2. 加入蜂蜜，用面膜棒搅拌均匀即成。

✖ 使用方法
洁面后，将调好的面膜涂抹在脸上（避开眼部、唇部四周的肌肤），10~15 分钟后用温水洗净即可。

☺ 各种肤质	🥣 收缩毛孔
🕐 1~3 次/周	❄ 冷藏 3 天

苹果面膜

　　这款面膜富含维生素、果酸等滋养成分，能软化肌肤角质层，畅通毛孔，调节肌肤表面的水油平衡。

♣ 材料
苹果 1 个

✂ 工具
水果刀

◑ 制作方法
1. 将苹果洗净，不去皮。
2. 用水果刀将洗净的苹果切成薄片。

✖ 使用方法
洁面后，将苹果薄片贴敷在脸上（避开眼部、唇部四周的肌肤），15~20 分钟后用温水洗净即可。

☹ 各种肤质	🥣 控油收敛
🕐 1~3 次/周	❄ 冷藏 3 天

藕粉胡萝卜面膜

藕粉中含有蛋白质、脂肪、纤维、矿物质、糖、有机酸、游离氨基酸等营养成分，具有很好的美容功效。胡萝卜和鸡蛋都有紧肤的作用，加入藕粉配合使用，能有效地收缩毛孔，促进肌肤新陈代谢，使粗糙皮肤变得细嫩光滑。

 油性肤质

🕐 1～2次/周

🥣 紧致肌肤

❄ 冷藏5天

🍀 **材料**
胡萝卜1根，藕粉30克，鸡蛋1个

✂ **工具**
搅拌器，面膜碗，面膜棒，水果刀

💧 **制作方法**
1. 将胡萝卜洗净去皮，切成小块，放入搅拌器中打成泥状。
2. 将胡萝卜泥倒入面膜碗中，加入藕粉搅拌均匀。
3. 将整个鸡蛋打入其中，用面膜棒充分搅拌，调成糊状即成。

✂ **使用方法**
洁面后，将调好的面膜涂抹在脸上（避开眼部、唇部四周的肌肤），10～15分钟后用温水洗净即可。

美丽提示

藕粉久负盛誉，因其营养丰富，食用价值极高。使用藕粉时应先用少量冷开水将藕粉化开调匀，再加入滚烫的开水，一边加一边搅拌。藕粉慢慢变稠熟透后，会变成琥珀色，呈透明胶状。

杏仁黄豆红薯粉面膜

这款面膜富含亚油酸、维生素、锌、硒等，可软化并分解肌肤角质、促进肌肤新陈代谢、改善毛孔粗大等问题。

❀ 材料
白酒 2 滴，杏仁粉、黄豆粉各 20 克，红薯粉 10 克

✄ 工具
面膜碗，面膜棒

◊ 制作方法
1. 将杏仁粉、黄豆粉、红薯粉一同倒入面膜碗中。
2. 加入白酒，用面膜棒充分搅拌，调成轻薄适中的糊状即成。

✄ 使用方法
洁面后，将调好的面膜涂抹在脸上（避开眼部、唇部四周的肌肤），10~15 分钟后用温水洗净即可。

各种肤质	收缩毛孔
🕐 1~2 次 / 周	❄ 冷藏 7 天

薏米粉蛋清面膜

这款面膜含蛋白质、维生素 B_1 等，可瘦脸、收缩毛孔、增加皮肤光泽度，对治疗粉刺也有明显的效果。

❀ 材料
薏米粉 40 克，脱脂奶粉 20 克，鸡蛋 1 个，清水适量

✄ 工具
面膜碗，面膜棒

◊ 制作方法
1. 将鸡蛋磕开，滤取蛋清，充分打散。
2. 将薏米粉、脱脂奶粉和蛋清一同倒入面膜碗中。
3. 加入适量水，用面膜棒搅拌均匀即可。

✄ 使用方法
洁面后，将调好的面膜涂抹在脸上（避开眼部、唇部四周的肌肤），10~15 分钟后用温水洗净即可。

各种肤质	🥣 收缩毛孔
🕐 1~3 次 / 周	❄ 冷藏 3 天

胡萝卜红枣面膜

这款面膜富含胡萝卜素和多种维生素，能润滑皮肤，分解老化角质，增加皮肤弹性和光泽。

♣ 材料
红枣 20 克，胡萝卜 30 克，勿忘我 1 克，纯净水适量

✄ 工具
搅拌器，面膜碗，面膜棒，水果刀

◌ 制作方法
1. 将胡萝卜洗净切块，红枣去核，勿忘我洗净，一起放入搅拌器。
2. 加入适量水，搅打成泥状，倒入面膜碗搅拌均匀即成。

☺ 各种肤质	🥣 收敛毛孔
⏰ 1～3 次 / 周	❄ 冷藏 3 天

草莓蜂蜜面膜

这款面膜含多种果酸、维生素及矿物质等，能激活细胞再生，温和地收敛毛孔，让肌肤变得幼滑细嫩。

♣ 材料
草莓 50 克，蜂蜜 2 小匙，酸奶 100 毫升，面粉 30 克

✄ 工具
搅拌器，面膜碗，面膜棒

◌ 制作方法
1. 将草莓、蜂蜜一同放入搅拌器中打成泥。
2. 将酸奶、面粉倒入面膜碗中拌匀。
3. 将果泥加入碗中，边加边拌，调匀即可。

☺ 中油性肤质	🥣 收敛毛孔
⏰ 1～2 次 / 周	❄ 冷藏 5 天

玉米绿豆面膜

这款面膜含维生素 E 和不饱和脂肪酸等营养素，能增强新陈代谢，紧致肌肤。

♣ 材料
食盐 5 克，玉米粉 300 克，绿豆 200 克

✄ 工具
搅拌器，面膜碗，面膜棒

◌ 制作方法
1. 将绿豆提前泡软。
2. 将泡好的绿豆倒入搅拌器中打成泥。
3. 将绿豆沙倒入面膜碗中，加入玉米粉、食盐，用面膜棒调匀即成。

☺ 油性肤质	🥣 紧致肌肤
⏰ 1～3 次 / 周	❄ 冷藏 1 周

黄瓜净颜细致面膜

　　黄瓜含蛋白质、糖类、维生素、胡萝卜素、烟酸和钙等营养素，可深层清洁毛孔中多余的油脂与杂质，从而镇静、收敛毛孔。

❀ 材料

黄瓜 50 克，面粉 30 克，绿豆粉 10 克，蜂蜜 2 小匙，清水适量

✄ 工具

搅拌器，面膜碗，面膜棒，水果刀

● 制作方法

1. 将黄瓜洗净去籽，切成小块放入搅拌器中打成泥。
2. 将黄瓜泥、面粉、绿豆粉一同放入面膜碗中。
3. 加入蜂蜜、适量清水，用面膜棒充分搅拌均匀即成。

❀ 使用方法

洁面后，将调好的面膜涂抹在脸上（避开眼部、唇部四周的肌肤），10~15 分钟后用温水洗净即可。

😕 油性肤质	🥣 细致毛孔
🕐 1~2 次 / 周	❄ 冷藏 7 天

橘子蜂蜜面膜

　　这款面膜含果酸、维生素 C 和有机酸等营养，能促进肌肤细胞新陈代谢，增加皮肤的血液循环，收紧粗大的毛孔，增强肌肤弹性。

❀ 材料

橘子 50 克，蜂蜜 3 大匙，酒精 30 克

✄ 工具

搅拌器，面膜碗，面膜棒

● 制作方法

1. 将橘子洗净后连皮放入搅拌器中打碎。
2. 将橘子泥倒入面膜碗中，加入酒精和蜂蜜，密封放置一个星期。
3. 取出，调匀后即可使用。

❀ 使用方法

洁面后，将调好的面膜涂抹在脸上（避开眼部、唇部四周的肌肤），10~15 分钟后用温水洗净即可。

😕 中油性肤质	🥣 收缩毛孔
🕐 1~2 次 / 周	❄ 冷藏 12 天

啤酒细致毛孔面膜

啤酒中富含酶和蛇麻子，能促进血液循环，滋养肌肤，对缩小毛孔有奇效，可令人皮肤光滑，富有弹性。

❀ 材料

啤酒50毫升，茶树精油、薄荷精油各1滴

✄ 工具

面膜碗，面膜纸

💧 制作方法

1. 将啤酒倒入面膜碗中，滴入茶树精油，薄荷精油。
2. 将面膜纸放入面膜碗中，浸泡约3分钟。

✿ 使用方法

洁面后，用热毛巾敷脸3~5分钟，再将泡好的面膜纸取出贴敷在面部，10~15分钟后揭下面膜，温水洗净即可。

😐 中油性肤质		🥣 收缩毛孔
🕐 1~2次/周		❄ 冷藏1周

蛋白柠檬面膜

这款面膜含有机酸，能与肌肤表面的碱性物中和，从而去除油脂污垢，收缩毛孔。

❀ 材料

鸡蛋1个，柠檬汁5克

✄ 工具

锅，面膜碗，面膜棒

💧 制作方法

1. 将鸡蛋煮熟，剥取蛋白并捣碎，备用。
2. 将蛋白放入面膜碗中，加入柠檬汁，用面膜棒拌匀即可。

✿ 使用方法

洁面后，将调好的面膜涂抹在脸上（避开眼部、唇部四周的肌肤），10~15分钟后用温水洗净即可。

😐 各种肤质		🥣 收缩毛孔
🕐 1~2次/周		❄ 冷藏3天

食盐蛋清蜂蜜面膜

蛋清具消炎兼收敛功效，可抑制皮脂分泌，改善毛孔粗大问题，使皮肤白皙细腻有光泽。

♣ 材料

鸡蛋1个，食盐5克，蜂蜜适量

✄ 工具

锅，面膜碗，面膜棒

♠ 制作方法

1. 将鸡蛋放入锅中煮熟，剥取蛋清，捣碎。
2. 将蛋清、食盐、蜂蜜倒入面膜碗中，用面膜棒搅拌均匀即可。

油性肤质	细致毛孔
1～3次/周	冷藏5天

七彩菊橙子面膜

这款面膜含维生素，可深层滋养肌肤，促进新陈代谢，令肌肤迅速恢复弹性。

♣ 材料

橙子半个，玉米粉100克，七彩菊2克

✄ 工具

刀，榨汁机，面膜碗，面膜棒

♠ 制作方法

1. 将橙子洗净，去皮切块榨汁，七彩菊冲泡取茶汤。
2. 将橙汁、菊花水倒入面膜碗中，加入玉米粉，用面膜棒搅拌均匀即成。

各种肤质	紧致抗皱
1～2次/周	冷藏5天

各种肤质	收敛毛孔
1～3次/周	冷藏2天

番茄鸡蛋苹果面膜

这款面膜含苹果酸、柠檬酸等弱酸性成分，能使肌肤保持弱酸性，加快肌肤新陈代谢，从而收敛粗大的毛孔。

♣ 材料

苹果、鸡蛋各1个，番茄30克，玫瑰精油2滴

✄ 工具

搅拌器，面膜碗，面膜棒，刀

♠ 制作方法

1. 将苹果、番茄洗净切块，放入搅拌器中打成泥。
2. 将果泥倒入面膜碗中，打入整个鸡蛋，加入精油，一起搅拌成糊状即成。

果醋绿豆圣女果面膜

　　圣女果特有的保湿成分及矿物质，可有效强化肌肤的锁水能力；绿豆中的天然多聚糖能使肌肤润泽，并能收缩粗大毛孔。苹果醋中含有的抗氧化物质可以抑制人体中过氧化物的形成，抑制细胞衰老，使肌肤充满弹性。三者配合使用能够使肌肤细腻有弹性。

 中油性肤质

 1～3次/周

　细致毛孔

 冷藏3天

🌿 **材料**

绿豆粉20克，苹果醋2小匙，圣女果2个，清水适量

✂ **工具**

搅拌器，面膜碗，面膜棒，水果刀

🥄 **制作方法**

1. 将圣女果洗净，切块，放入搅拌器打成泥状。
2. 将绿豆粉、圣女果泥倒入面膜碗中，加入苹果醋和适量清水。
3. 用面膜棒充分搅拌均匀，调成易于敷在皮肤上的糊状即成。

✄ **使用方法**

洁面后，将本款面膜敷在脸上轻拍于整个面部（避开眼部和唇部周围），直至面部感觉有点黏为止，保持约30分钟后，用清水冲洗干净。

 美丽提示

　　苹果醋能减肥，这是因为发酵的苹果中含有果胶，这种果胶可以帮助降低体内脂肪含量。在每餐前喝几小勺苹果醋有助于燃烧多余的脂肪。也可以将苹果醋拌蜜糖，冲开水饮用。

土豆山药泥面膜

这款面膜含蛋白质、碳水化合物、柠檬酸、植物激素等成分，能防止肌肤老化，收缩毛孔。

❀ 材料
陈皮、山药、桂皮各 5 克，土豆 50 克，蜂蜜 1 小匙

✄ 工具
搅拌器，面膜碗，面膜棒，水果刀

● 制作方法
1. 将土豆、山药去皮切块，陈皮、桂皮洗净分成小块，一同放入搅拌器中搅拌，打成细腻的泥状。
2. 将打好的泥倒入面膜碗中，加入蜂蜜，用面膜棒搅拌均匀即成。

✄ 使用方法
洁面后，将本款面膜敷在脸上轻拍于整个面部（避开眼部和唇部周围），直至面部感觉有点黏为止，保持约 30 分钟后，用清水冲洗干净。

☺ 各种肤质	🥣 收缩毛孔
🕐 1～2 次/周	❄ 冷藏 7 天

蜂蜜蛋清面膜

蜂蜜含有大量能被人体吸收的氨基酸、酶、激素、维生素及糖类，能为细胞提供养分，促使它们分裂、生长。常用蜂蜜涂抹肌肤，可使表皮细胞排列紧密整齐且富有弹性，还少有皱纹。蜂蜜与蛋清搭配还可收敛毛孔。

❀ 材料
鸡蛋 1 个，蜂蜜 1 小匙

✄ 工具
面膜碗，面膜棒，面膜纸

● 制作方法
1. 将鸡蛋敲破，取出蛋清放入干净无水的面膜碗中，搅拌至起泡。
2. 加入蜂蜜，用面膜棒搅拌均匀即可。

✄ 使用方法
洁面后，将面膜纸浸泡在面膜汁中，令其浸满涨开，取出贴敷在面部，10～15 分钟后揭下面膜，用温水洗净即可。

☹ 各种肤质	🥣 收敛毛孔
🕐 1～2 次/周	❄ 冷藏 1 天

苹果苏打粉面膜

苹果中含有丰富的蛋白质、脂肪、粗纤维和各种维生素、矿物质、芳香醇类、酯类等，与蜂蜜、苏打粉共用，有保湿、增白、收缩毛孔的作用。

♣ 材料
苹果1个，苏打粉10克，蜂蜜1小匙，清水适量

✖ 工具
搅拌器，面膜碗，面膜棒，水果刀

♦ 制作方法
1. 将苹果洗净，去皮去籽，放入搅拌器中打成泥状。
2. 将苹果泥倒入面膜碗中，加入蜂蜜、苏打粉。
3. 加入适量水，用面膜棒调匀即成。

✖ 使用方法
洁面后，将本款面膜敷在脸上轻拍于整个面部（避开眼部和唇部周围），直至面部感觉有点黏为止，保持约30分钟后，用清水冲洗干净。

☺ 中性肤质	🥣 收缩毛孔
🕐 1～3次/周	❄ 一次用完

果泥面粉面膜

木瓜含有丰富的木瓜酶，有滋润皮肤的功效。菠萝所含的维生素能淡化面部色斑，使皮肤润泽、透明，还能去除角质，改善皮肤暗沉现象。木瓜与菠萝共用，具有美容、收缩毛孔、细致肌肤的功效。

♣ 材料
面粉20克，木瓜肉、菠萝肉各1小块

✖ 工具
搅拌器，面膜碗，面膜棒

♦ 制作方法
1. 将菠萝肉、木瓜肉一同放入搅拌器中打成泥状。
2. 将果泥倒入面膜碗中，加入面粉，充分搅拌均匀即可。

✖ 使用方法
洁面后，取适量面膜敷在脸上（避开眼部和唇部周围），静置6~15分钟，再用清水冲洗干净。

☺ 任何肤质	🥣 收缩毛孔
🕐 1～2次/周	❄ 冷藏3天

冬瓜蛋黄面膜

这款面膜含甘露醇和卵磷脂等营养素，能促进脸部多余脂肪燃烧，收紧肌肤毛孔，令面部轮廓更加明显。

♣ 材料
冬瓜 100 克，鸡蛋 1 个

✄ 工具
搅拌器，面膜碗，面膜棒，水果刀

● 制作方法
1. 将冬瓜洗净，去皮切块，放入搅拌器打成泥。
2. 将鸡蛋磕开，滤取蛋黄，充分打散。
3. 将冬瓜泥、蛋黄倒入面膜碗中，用面膜棒搅拌均匀即成。

✄ 使用方法
洁面后，将调好的面膜涂抹在脸上（避开眼部、唇部四周的肌肤），10~15 分钟后用温水洗净即可。

😐 干性肤质	🥣 燃脂收紧
🕐 1~2 次/周	❄ 冷藏 3 天

鱼腥草粗盐面膜

鱼腥草含丰富的精油成分，能有效排除肌肤中多余的水分和毒素，同时能杀菌消炎，收缩粗大毛孔，最适合长暗疮和皮肤松弛的人士使用。

♣ 材料
鱼腥草 60 克，粗盐 2 勺，清水适量

✄ 工具
锅，面膜碗，面膜棒，面膜纸

● 制作方法
1. 将鱼腥草放入锅中，加水用小火煎煮约 2 分钟，关火滤取汤汁。
2. 将鱼腥草汁倒入面膜碗中，加入粗盐，用膜棒搅拌均匀，晾凉即成。

✄ 使用方法
洁面后，将面膜纸浸泡在面膜汁中，令其浸满涨开，取出贴敷在面部，10~15 分钟后揭下面膜，用温水洗净即可。

😐 油性肤质	收缩毛孔
🕐 1~2 次/周	❄ 冷藏 3 天

11

防晒修复面膜
Sunscreen & Repairing Mask

防晒抗老 x 修复肌肤

防晒面膜是特别针对晒后红肿、灼痛、蜕皮、肌肤不适等症状而调制的面膜，它能提升肌肤的抵抗力，可有效阻隔自由基的侵害，防止皮肤老化，并及时补充肌肤失去的水分及维生素，抑制晒后黑色素沉淀，防止肌肤产生色斑。而修复面膜能迅速安抚因日晒而导致的肌肤过敏受损问题，缓解痛痒脱屑、晒后红肿等症状，帮助修复强化肌肤的天然脂质屏障，保护肌肤免受氧化及外界环境的伤害，令肌肤变得透明无瑕，润白清透。

芦荟晒后修复面膜

芦荟含有芦荟凝胶、活性酶、多糖及维生素等成分，具有良好的杀菌、消炎、祛痘、润肤、防晒、美白等功效。甘菊花富含胆碱、甜菊苷及维生素，不但具有净化及镇静肌肤的功效，而且还能帮助肌肤组织再生，有效改善因日晒刺激而形成的肌肤问题。这款自制面膜是修复镇静、润肤防晒的美容佳品。

- 各种肤质
- 1~2次/周
- 镇静修复
- 冷藏3天

材料

芦荟叶1片，甘菊花4朵，维生素E胶囊2粒，薄荷精油1滴

工具

锅，面膜碗，面膜棒，面膜纸，水果刀

制作方法

1. 将芦荟洗净去皮，取芦荟肉；将甘菊花洗净。
2. 将芦荟肉、甘菊一同入锅，加入适量水，以小火煮沸，滤取汁液，晾至温凉。
3. 将维生素E胶囊扎破，与芦荟液一同倒在面膜碗中。
4. 滴入薄荷精油，用面膜棒搅拌调匀即成。

使用方法

洁面后，将面膜纸浸泡在面膜汁中，令其浸满涨开，取出贴敷在面部，10~15分钟后揭下面膜，用温水洗净即可。

美丽提示

阳光中的紫外线对皮肤的伤害很大，尤其是夏日的强烈阳光，可造成皮肤发红、发烫，甚至疼痛、脱皮。这时，晒后对肌肤的镇静保养就变得很重要。将晒后修复的面膜冷藏后敷用，镇静肌肤的美容效果更佳。

维 C 黄瓜面膜

　　维生素 C 具有极佳的天然抗氧化功效，能抵御紫外线对肌肤的侵害，抑制酪氨酸酶活性，避免黑斑、雀斑的生成，预防日晒后肌肤受损。同时排除已形成的黑色素，淡化斑点。

♣ 材料
黄瓜半根，维生素 C 1 片，橄榄油 2 小匙

✂ 工具
搅拌器，面膜碗，面膜棒，水果刀，勺子

♦ 制作方法
1. 将黄瓜洗净切块，放入搅拌器打成泥状。
2. 用勺子将维生素 C 片碾成细粉。
3. 将黄瓜泥、维生素 C 粉、橄榄油一同倒在面膜碗中，用面膜棒充分搅拌即成。

✂ 使用方法
洁面后，将调好的面膜涂抹在脸上（避开眼部、唇部四周的肌肤），10~15 分钟后用温水洗净即可。

😐 各种肤质		🥣 预防晒伤
🕐 1 ~ 2 次 / 周		❄ 冷藏 3 天

黄瓜蛋清面膜

　　这款面膜含维生素 C 及矿物质等成分，能改善肌肤晒后受损的状况。

♣ 材料
黄瓜 1 根，鸡蛋 1 个

✂ 工具
榨汁机，面膜碗，面膜棒，水果刀

♦ 制作方法
1. 将黄瓜洗净切块，用榨汁机榨汁备用。
2. 将鸡蛋磕开，滤取蛋清。
3. 将鸡蛋液、黄瓜汁倒入面膜碗，用面膜棒搅拌均匀即成。

✂ 使用方法
洁面后，将调好的面膜涂抹在脸上（避开眼部、唇部四周的肌肤），10~15 分钟后用温水洗净即可。

😐 干性肤质		🥣 修复防晒
🕐 2 ~ 3 次 / 周		❄ 2 天

黄瓜面膜

　　黄瓜富含维生素、核黄素、果酸、黄瓜酶等营养成分，能修复受损的肌肤细胞，具有极强的晒后修复功效。

❀ 材料
黄瓜1根

✄ 工具
水果刀，纱布

◐ 制作方法
1. 将黄瓜洗净，用刀拍碎。
2. 将黄瓜碎用纱布包住，把纱布敷在面部。

✄ 使用方法
洁面后，将包有黄瓜的纱布敷在晒伤的面部，每天两次，直至皮肤灼痛消失。

😟 各种肤质	🥣 晒后修复
🕐 3～5次/周	❄ 冷藏3天

芦荟黄瓜鸡蛋面膜

　　这款面膜能深层润泽肌肤，补充肌肤细胞所需的营养与水分，有效改善晒后肌肤粗糙、暗沉的状况。

❀ 材料
黄瓜半根，芦荟1片，鸡蛋1个，面粉适量

✄ 工具
榨汁机，面膜碗，面膜棒，水果刀

◐ 制作方法
1. 将芦荟洗净去皮，黄瓜洗净切块，一同放入榨汁机中榨汁；鸡蛋磕开，打至泡沫状。
2. 将榨好的汁液与鸡蛋液一同倒在面膜碗中，加入面粉，用面膜棒搅拌均匀即成。

✄ 使用方法
洁面后，将调好的面膜涂抹在脸上（避开眼部、唇部四周的肌肤），10~15分钟后用温水洗净即可。

😐 各种肤质	🥣 润泽防晒
🕐 1～2次/周	❄ 冷藏2天

奶酪熏衣草面膜

这款面膜能促进细胞再生，抑制肌表的油脂分泌，改善肌肤晒后不适的状况。

🍀 材料
熏衣草精油 2 滴，奶酪 4 小匙，纯净水适量

✄ 工具
面膜碗，面膜棒

💧 制作方法
1. 将奶酪和纯净水放入面膜碗中。
2. 在面膜碗中滴入熏衣草精油，用面膜棒搅拌均匀即成。

😶 各种肤质	🥣 防晒修复
🕐 1~2 次 / 周	❄ 冷藏 1 天

冬瓜山药面膜

这款面膜有很好的润肤增白的功效，还可以利水消肿，冬瓜与山药共用可滋润肌肤。

🍀 材料
冬瓜 50 克，干山药 20 克

✄ 工具
榨汁机，面膜碗，面膜棒，水果刀

💧 制作方法
1. 将干山药磨成细末；冬瓜去皮洗净后（不去籽）切小块，放入榨汁机中打成泥状。
2. 将山药粉加上冬瓜泥搅拌均匀即成。

😶 各种肤质	🥣 美白修复
🕐 1~2 次 / 周	❄ 立即使用

番茄橄榄油面膜

这款面膜富含的番茄红素，能提升肌肤的抵抗力，阻隔自由基的侵害。

🍀 材料
番茄 1 个，橄榄油 1 小匙，面粉 20 克

✄ 工具
榨汁机，面膜碗，面膜棒，水果刀

💧 制作方法
1. 将番茄洗净切块，放入榨汁机榨成汁。
2. 将番茄汁、橄榄油、面粉放入面膜碗中。
3. 用面膜棒充分搅拌，调和成糊状即成。

😶 干性肤质	🥣 防晒抗衰
🕐 1~2 次 / 周	❄ 冷藏 3 天

木瓜哈密瓜面膜

这款面膜含木瓜碱、胡萝卜素等营养素，能有效补充肌肤所需水分，对防晒修复、抗衰祛皱极其有效。

❖ 材料

木瓜 1/4 个，哈密瓜 1 片，面粉 40 克

✄ 工具

搅拌器，面膜碗，面膜棒，水果刀

◈ 制作方法

1. 将木瓜、哈密瓜分别洗净，去皮去籽，放入搅拌器打成泥。
2. 将果泥、面粉一同倒入面膜碗中。
3. 用面膜棒充分搅拌，调和成糊状即成。

✄ 使用方法

洁面后，将调好的面膜涂抹在脸上（避开眼部、唇部四周的肌肤），10~15 分钟后用温水洗净即可。

😐	各种肤质	🥣	防晒抗衰
🕐	1~2 次 / 周	❄	冷藏 3 天

芦荟葡萄柚面膜

这款面膜含芦荟凝胶等有效美肤成分，能修复日晒后受损的肌肤细胞，改善肌肤晒后敏感、红肿等不适状况。

❖ 材料

芦荟叶 1 片，葡萄柚 3 瓣，维生素 E 胶囊 2 粒，淀粉适量

✄ 工具

榨汁机，面膜碗，面膜棒，水果刀

◈ 制作方法

1. 将芦荟洗净去皮切块，葡萄柚切块，榨汁。
2. 将维生素 E 胶囊扎破，与芦荟葡萄柚液一同倒在面膜碗中。
3. 加入淀粉，用面膜棒搅拌均匀即成。

✄ 使用方法

洁面后，将调好的面膜涂抹在脸上（避开眼部、唇部四周的肌肤），10~15 分钟后用温水洗净即可。

😐	各种肤质	🥣	晒后修复
🕐	1~2 次 / 周	❄	冷藏 2 天

番茄玫瑰面膜

　　番茄含有的超强抗氧化剂——番茄红素，具有天然的防晒功效，能有效对抗光敏化自由基，防止晒黑，缓解肌肤晒后不适症状，帮助提亮肤色，同时还有极强的洁肤功效，重焕肌肤柔润光彩。

- 🏠 各种肤质
- 🕐 1～2次/周
- 🍵 防晒美白
- ❄ 冷藏1天

🌿 材料
番茄1个，玫瑰精油1滴，蜂蜜1大匙，面粉15克

✂ 工具
榨汁机，面膜碗，面膜棒，水果刀

💧 制作方法
1. 将番茄洗净切块，放入榨汁机榨成汁。
2. 将番茄汁、蜂蜜、面粉一同倒在面膜碗中，滴入玫瑰精油。
3. 用面膜棒搅拌均匀，调成泥状即成。

✂ 使用方法
洁面后，将调好的面膜涂抹在脸上（避开眼部、唇部四周的肌肤），10~15分钟后用温水洗净即可。

美丽提示

　　番茄含有丰富的维生素C，美白防晒的功效很强，但对肌肤的刺激性也较大。因此在调和番茄面膜时，宜榨成汁添加在面粉等载质中进行调配。若肌肤特别敏感，在敷番茄面膜时感觉到刺激疼痛，立即用清水洗净即可。

甘草米汤面膜

这款面膜中的甘草是一种很好的美容添加剂，能抑制酪氨酸酶活性、清除氧自由基，并对损伤的皮肤、毛发有修复作用。

♣ 材料

甘草粉 20 克，大米 50 克，清水适量

✖ 工具

锅，面膜碗，面膜棒

● 制作方法

1. 将适量大米浸在水中淘洗，然后将第一次的淘米水取出约 1 杯，置于锅中加热煮沸，直至淘米水浓缩剩下一半甚至更少量。
2. 将甘草粉、米汤一同放入碗中，用面膜棒充分搅拌均匀即成。

✖ 使用方法

洁面后，将调好的面膜涂抹在脸上（避开眼部、唇部四周的肌肤），10~15 分钟后用温水洗净即可。

😐 各种肤质	🥣 美白修复
🕐 2~3 次 / 周	❄ 冷藏 2 天

芦荟蛋清面膜

这款面膜中含有蛋白质、蛋氨酸及维生素等多种营养成分，有清热解毒、消炎、保湿、修复的作用。

♣ 材料

蜂蜜 2 小匙，鸡蛋清适量，芦荟叶 10 克

✖ 工具

榨汁机，面膜碗，水果刀

● 制作方法

1. 将芦荟叶洗净，去皮。
2. 将芦荟、蛋清、蜂蜜一同放入榨汁机内，搅拌均匀，倒入面膜碗中即成。

✖ 使用方法

洁面后，将调好的面膜涂抹在脸上（避开眼部、唇部四周的肌肤），10~15 分钟后用温水洗净即可。

😐 各种肤质	🥣 美白修复
🕐 2~3 次 / 周	❄ 立即使用

胡萝卜红薯面膜

这款面膜含有胡萝卜素，可修复晒后的肌肤组织，减少细纹。

♣ 材料
胡萝卜1根，红薯1个，蜂蜜适量

✄ 工具
榨汁机，面膜碗，面膜棒，水果刀

♦ 制作方法
1. 将胡萝卜洗净，切块榨汁；红薯洗净去皮，蒸熟，压成泥状。
2. 将胡萝卜汁、红薯泥、蜂蜜一同倒在面膜碗中。
3. 用面膜棒充分搅拌，调和成糊状即成。

✄ 使用方法
洁面后，将调好的面膜涂抹在脸上（避开眼部、唇部四周的肌肤），10~15分钟后用温水洗净即可。

各种肤质　补水修复
2~3次/周　冷藏3天

珍珠蛋清面膜

这款面膜能激发肌肤活性，从而淡化色斑，修复肌肤。

♣ 材料
鸡蛋1个，珍珠粉20克

✄ 工具
面膜碗，面膜棒

♦ 制作方法
1. 将鸡蛋磕开，取鸡蛋清，置于面膜碗中。
2. 在面膜碗中加入珍珠粉，用面膜棒搅拌均匀即成。

✄ 使用方法
洁面后，将调好的面膜涂抹在脸上（避开眼部、唇部四周的肌肤），10~15分钟后用温水洗净即可。

各种肤质　晒后修复
1~2次/周　冷藏3天

草莓泥面膜

这款面膜能补充受损肌肤所需的水分，帮助镇静修复晒后受损的肌肤细胞与组织。

❧ 材料

草莓 100 克

✖ 工具

磨泥器，面膜碗，面膜棒

◊ 制作方法

1. 将草莓去蒂，洗净，用磨泥器捣成泥状，置于面膜碗中。
2. 用面膜棒搅拌均匀即成。

😊 各种肤质　　🥣 防晒修复
🕐 1～3次/周　　❄ 立即使用

柠檬酸奶面膜

这款面膜能防止和消除皮肤色素沉着，起到美白的作用。

❧ 材料

柠檬汁、酸奶、蜂蜜各2小匙，维生素E胶囊1粒

✖ 工具

面膜碗，面膜棒

◊ 制作方法

1. 将柠檬汁、酸奶、蜂蜜放入面膜碗中。
2. 滴入维生素E胶囊油液，搅拌均匀即可。

😊 各种肤质　　🥣 美白防晒
🕐 1～2次/周　　❄ 立即使用

😊 各种肤质　　🥣 防晒修复
🕐 1～2次/周　　❄ 冷藏3天

番茄水梨面膜

这款面膜适用于晒后红肿、灼痛、蜕皮等肌肤不适状况，能提升肌肤的抵抗力，防止皮肤老化，预防色斑。

❧ 材料

水梨、番茄各1个，苹果半个，面粉适量

✖ 工具

榨汁机，面膜碗，面膜棒，水果刀

◊ 制作方法

1. 将水梨、番茄、苹果洗净去皮去核，放入榨汁机中打成汁。
2. 将果汁、面粉倒入面膜碗，用面膜棒拌匀即成。

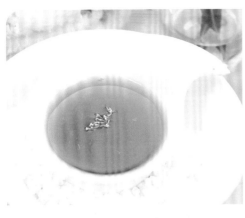

苹果醋面膜

　　这款面膜富含果胶、维生素及酶，能促进皮肤新陈代谢，缩小粗糙毛孔。

❤ 材料

苹果醋 4 小匙，纯净水适量

✂ 工具

面膜碗，面膜棒，面膜纸

♨ 制作方法

1. 将苹果醋与纯净水一同倒在面膜碗中。
2. 用面膜棒充分搅拌，调和均匀，浸入面膜纸即可。

 油性肤质 　　🍵 杀菌防晒

🕐 1～3 次/周 　　❄ 冷藏 3 天

牛奶高粱面膜

　　这款面膜能使皮肤变得清爽润滑、亮丽细腻，是美容佳品。

❤ 材料

鲜牛奶 450 毫升，高粱粉 4 大匙

✂ 工具

面膜碗，面膜棒

♨ 制作方法

将高粱粉、鲜牛奶放入面膜碗中，用面膜棒将其搅拌成膏状即可。

 各种肤质 　　 美白防晒

🕐 1～2 次/周 　　 立即使用

豆腐牛奶面膜

　　这款面膜富含大豆异黄酮、大豆卵磷脂，能有效缓解晒后肌肤受损状况。

❤ 材料

豆腐 50 克，鲜牛奶 10 克

✂ 工具

磨泥器，面膜碗，面膜棒，水果刀

♨ 制作方法

1. 将豆腐切块，放入磨泥器中研成泥。
2. 将豆腐泥、鲜牛奶一同置于面膜碗中。
3. 用面膜棒充分搅拌，调成糊状即成。

 各种肤质 　　🍵 晒后修复

🕐 2～3 次/周 　　❄ 冷藏 3 天

美 食 菜 谱 / 中 医 理 疗

阅读图文之美 / 优享健康生活